21 世纪全国高职高专机电类规划教材

数控考工实训

主 编 汪荣青

副主编 凌旭峰 胡 茜 刘正平

参 编 戴乃昌 邱建忠 周智敏

林 萍 陈 银

主 审 傅建中 孙慧平

北京大学出版社
PEKING UNIVERSITY PRESS

内 容 提 要

本书在内容选择上，突出实用性，以当前国内常见的数控系统为基础，兼顾理论突出实践。各训练课题，由浅入深，从易到难，层层深入，每个训练课题都有例图，示范程序，工艺讲解，课后还提供了大量的数控加工实训练习图。

在编写方式上，力求通俗易懂、图文并茂，使学习者容易理解和练习。本书按数控车床中级工、高级工，数控铣床中级工、高级工，分模块进阶技能训练安排内容。

本书是作者多年从事数控加工考工教学与实训工作的总结，实用性强，举例丰富，可作为各类职业院校数控实训用教材，也可作为各类数控考工类培训教材。

图书在版编目（CIP）数据

数控考工实训 / 汪荣青主编. —北京：北京大学出版社，2008.8
（21 世纪全国高职高专机电类规划教材）
ISBN 978-7-301-13598-3

I. 数… Ⅱ. 汪… Ⅲ. 数控机床—加工—技术培训—教材 Ⅳ. TG659

中国版本图书馆 CIP 数据核字（2008）第 046342 号

书　　名：数控考工实训
著作责任者：汪荣青　主编
责 任 编 辑：桂　春
标 准 书 号：ISBN 978-7-301-13598-3/TH・0095
出　版　者：北京大学出版社
地　　　址：北京市海淀区成府路 205 号 100871
电　　　话：邮购部 62752015　发行部 62750672　编辑部 62765126　出版部 62754962
网　　　址：http://www.pup.cn
电 子 信 箱：xxjs@pup.pku.edu.cn
印　刷　者：三河市北燕印装有限公司
发　行　者：北京大学出版社
经　销　者：新华书店
787 毫米×980 毫米　16 开本　14.75 印张　322 千字
2008 年 8 月第 1 版　2017 年 7 月第 7 次印刷
定　　　价：29.00 元

本书编委会

主　编：汪荣青，浙江机电职业技术学院

副主编：凌旭峰，浙江机电职业技术学院

胡　茜，浙江机电职业技术学院

刘正平，浙江工商职业技术学院

参　编：戴乃昌，浙江工贸职业技术学院

邱建忠，温州机电高级技工学校

周智敏，杭州职业技术学院

林　萍，中国计量学院

陈　银，浙江经贸职业技术学院

主　审：傅建中，浙江大学教授

孙慧平，宁波职业技术学院副教授

前　　言

当前，社会对数控技术人才的需求越来越多，要求也越来越高。在加快高素质人才培养的同时，怎样提高培训质量，使数控考工培训真正地实现又好又快的发展成为当务之急。本书就是在这样的大环境下，为了又好又快地培训数控加工技术人员而编写的。

本书在内容选择上，突出实用性，以当前国内常见的数控系统为基础，兼顾理论突出实践。各训练课题，由浅入深，从易到难，层层深入，每个训练课题都有例图，示范程序，工艺讲解，课后还提供了大量的数控加工实训练习图。

在编写方式上，力求通俗易懂、图文并茂，使学习者容易理解和练习。本书按数控车床中级工、高级工，数控铣床中级工、高级工，分模块进阶培训安排内容。

本书共分 10 章，第 1、2 章介绍了数控机床的基础知识，数控加工工艺；第 3 章介绍数控考工培训安全操作守则、实训的目的和方法；第 4、5 章为数控车削加工实训与中级工培训；第 6、7 章为数控车床高级工与铣床中级工进阶培训；第 8 章为数控铣床高级工培训；第 9、10 章为自动加工软件介绍。另外，附录中介绍了数控机床安全操作规程等。

本书由浙江机电职业技术学院汪荣青担任主编，浙江机电职业技术学院凌旭峰、胡茜和浙江工商职业技术院刘正平担任副主编，浙江工贸职业技术学院戴乃昌，温州机电高级技工学校邱建忠，杭州职业技术学院周智敏，中国计算学院林萍，浙江经贸职业技术学院陈银等参与编写，浙江机电职业技术学院温长胜老师参与了图片的处理。

本书由浙江大学傅建中教授和宁波职业技术学院孙慧平副教授任主审，提出了许多宝贵的意见和建议。本书在编写过程中参阅了国内同行的相关文献资料，得到了许多专家和同行的支持与帮助，在此一并表示衷心的感谢。

本书是作者多年从事数控加工考工教学与实训工作的总结，但由于水平和经验有限，书中难免存在一些错误和疏忽，敬请读者批评指正。

编　者

2008 年 5 月

前言

目　录

0 绪 论

0.1 数控加工考工实训的课程性质与学习方法

课程性质：数控加工实训是学生学习“数控加工技术”和“数控机床编程”等课程不可缺少的必修环节。也是机械类特别是数控专业教学计划中一门重要的实践性技术课。通过本课程的学习和操作技能的训练，使学生获得数控加工的基本知识和达到中（高）级工的水平。

学习模式：上课（教师讲理论）+思考+实训（学生练技能）。

学生在实习前应该根据实习安排对相关的知识进行复习，特别是编程知识，了解基本的编程方法和机床的操作要领。

学习的方法遵循示范、模仿、练习的过程。

注意：特别注意指导老师的操作示范，应该特别注意以前学习的编程指令与实际操作机床的编程指令的不同之处。

学习要求：懂——理论，精——技能。

0.2 教学目的

（1）通过本课程的学习，使学生获得数控加工技术的基本知识、生产常识和操作技能。

（2）掌握数控加工过程中，常用设备器具及工、夹、量、刀具的使用方法。

（3）通过培训使大部分同学达到相关工种（FANUC、SIEMENS、华中数控车和加工中心机床）中（高）级工的操作水平，取得中（高）级工证书。

（4）与生产企业接轨。

本课程的特点是理论联系实际，重点突出技能训练。学生通过中级工的强化训练以后能获得一个工种的中级技能等级证书，能正确使用数控一般常用的数控设备和常用的工、夹、量具。学生通过高级工的强化训练以后能达到高级工的技能水平，会非常熟练地使用相关数控设备，并且能解决一些简单的机床故障。学生在进行考工实训之前要对本教材进行预习，实习过程后进行复习，达到温故而知新，掌握知识，掌握技能的效果。

第 1 章 数控机床基础知识

随着机械加工技术的飞速发展，数控加工技术发生了翻天覆地的变化。机械行业中随着高精度、高速度、复杂曲面等加工的要求，同时单件、小批量的生产所占有的比例也越来越大，普通机床越来越难以满足加工需要，所以各类机床都向着实现数控化的方向发展。目前，数控技术不断发展，数控机床的价格在不断地下降，因此，数控机床在机械行业中的使用已十分普遍。

数控机床种类繁多，典型的有数控车床、数控铣床、加工中心、线切割机床、电火花机床等。按控制系统分，可分为点位控制数控机床、直线控制数控机床、轮廓控制数控机床。按照执行机构的控制方式分开环控制的数控机床、半闭环控制数控机床、闭环控制数控机床。按机床的性能分为低档、中档、高档数控机床。

1.1 数控机床的组成及其加工特点

1.1.1 数控机床的组成

数控加工是把工件加工的工艺过程用数控语言编写成数控加工程序，然后将程序输入到数控机床的数控装置中，通过数控机床自动地完成零件的加工。所以，采用数控技术控制的机床，或者说装备了数控系统的机床称为数控机床。数控机床是高度的机电一体化产品，一般由输入输出设备，计算机数控装置，伺服系统，测量反馈装置和机床主机组成，如图 1-1 所示。

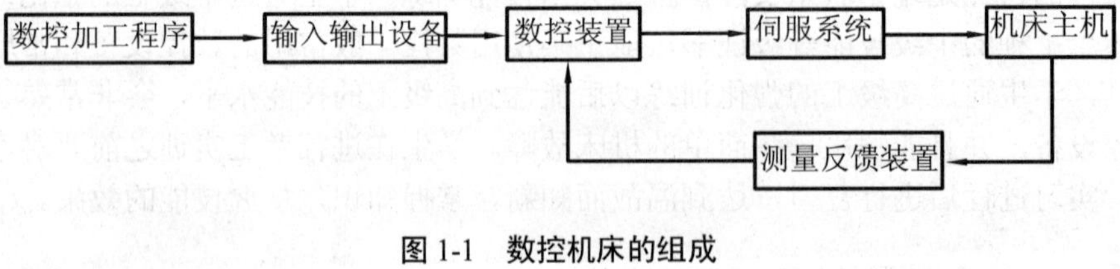

图 1-1 数控机床的组成

1. 数控加工程序载体

数控加工程序载体也是计算机数控装置 CNC（Computer Numerical Control）。计算机数控装置是数控机床的核心，它主要用于正确识别和解释数控加工程序，并对解释结果进行各种数据计算和逻辑判断处理，完成各种输入、输出任务，其主要功能如下：

（1）多坐标联动功能；

（2）多种函数的插补（直线、圆弧等）功能；

（3）补偿功能（刀具半径补偿、刀具长度补偿、螺距误差补偿、传动链反向间隙补偿等）；

（4）具有系统故障自动诊断功能；

（5）多种方式选择；

（6）显示功能，用数码显示器 LED 可显示刀具在各坐标轴上的位置，用 CRT 显示字符、轨迹等；

（7）通讯和计算机联网功能；

（8）多种辅助功能（M 等功能）。

CNC 装置的硬件包括 CPU、存储器、输入输出接口等部分。

CNC 软件部分包括管理软件和控制软件。管理软件由输入输出程序、显示程序、诊断程序、通信程序等组成，控制软件由译码程序、刀具补偿程序、速度控制程序、插补运算程序、位置控制程序等组成。

2. 输入输出设备

数控加工程序和各种外部控制信息都是通过输入输出设备进入计算机数控装置，作为控制的依据。输入输出装置的作用是将程序载体内有关加工的信息读入 CNC 单元。

根据载体不同，相应有不同的输入输出装置。输入输出设备主要包括显示器、操作面板、键盘、手摇脉冲发生器、通信接口、存储卡等。

3. 伺服系统

伺服系统是数控系统的执行部分。它用来接受数控装置输出的指令，并经功率放大，带动机床移动部件作精确定位或按照规定的轨迹和速度作运动。伺服系统分为驱动单元和执行机构两大部分。执行机构一般采用步进电机、直流伺服电机、交流伺服电机。驱动单元包括主轴驱动单元（主要是速度控制），进给驱动单元（主要有位置控制和速度控制）。一般要求有好的快速响应性能和灵敏而准确的跟踪指令功能。

4. 位置测量反馈装置

该装置可以包括在伺服系统中，它由检测元件和相应的电路组成，其作用是检测位移和速度，并将信息反馈回来，构成控制回路，纠正所产生的误差。常用的测量元件有脉冲编码器、旋转变压器、感应同步器、光栅、测速发电机等。

5．机床的机械部件

机床的机械部件是数控机床的机械系统，包括床身、主轴、进给机构、刀架等，为充分发挥数控机床的特点，其在外形、布局、传动系统等方面与普通机床有较大的差别，数控机床的传动系统更为简单，但机床的静、动态要求更高。

为了保证数控机床功能的充分发挥，还有一些配套部件（如冷却、排屑、防护、润滑、照明、储运等）和附属设备（对刀仪等）。

1.1.2 数控加工的特点

（1）加工精度高。数控装置的脉冲当量（每输出一个脉冲，机床移动部件的移动量）一般为 0.001mm，而且一般数控机床都有测量反馈装置，也有间隙补偿功能，因此可获得比机床本身精度高的加工精度。而且，数控机床的自动加工方式避免了人为的干扰因素，产品合格率高，质量稳定。

（2）可以加工复杂曲面。因为数控机床能实现多轴联动，可以完成普通机床难以完成或无法加工的复杂曲面。

（3）对加工对象的适应性强，柔性好。改变加工零件时，只需更换刀具，更换加工程序，就可立即进行加工，所以数控机床灵活性强，可以适应多品种小批量的零件加工。

（4）生产效率高。采用数控加工，可大大缩短零件加工过程中的辅助动作时间（如空行程，换刀、变换切削用量等），加上机床良好的结构刚性，因此生产效率高，尤其对复杂零件的加工。

（5）数控机床不适合需要反复找正的零件加工，对大量生产的零件也并不经济。

所以数控机床存在一般机床所不具备的许多优点，数控机床的应用范围正在不断扩大，但并不能完全代替普通机床，也不能以最经济的方式解决机械加工的所有问题。正因如此，在选用数控机床进行加工时，需要进行科学的技术经济分析，才能使数控机床发挥它最好的经济效益。

1.2 数控机床编程基本知识

1.2.1 数控机床坐标系

为了简化程序的编制方法和保证程序的互换性，国际标准化组织对数控机床的坐标和方向制定了统一的标准，形成了机床的相关坐标系。

1. 数控机床坐标系的规定

数控机床采用统一的右手直角坐标系，旋转方向用右手螺旋原则，并假定刀具相对于静止工件而运动。

如图 1-2 所示，为右手拇指，食指和中指相互成直角，分别代表 X、Y、Z 三个坐标轴。在确定了手动坐标后，根据右手螺旋法则，以右手拇指指向为平轴的正方向，其余四指握的方向就是绕该轴旋转的正方向，分别代表 A、B、C 的正向旋转方向。

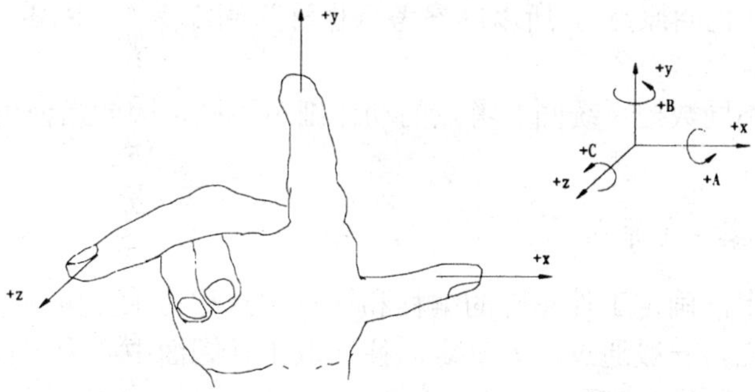

图 1-2　右手直角坐标系

2. 车床坐标系

在数控车床上通常只有 X 轴和 Z 轴，Z 轴与主轴回转中心平行，根据刀具相对于静止工件而运动的原则，车刀离开卡盘方向为 Z 轴正方向。X 轴垂直于 Z 轴，且车刀离开回转中心方向为 X 轴正方向。即工件尺寸增大方向为正方向。如图 1-3 所示。

3. 铣床坐标系

在数控铣床中有 X 轴，Y 轴和 Z 轴。Z 轴与主轴平行，且刀具离开工作台方向为 Z 轴正方向。X 轴垂直于 Z 轴，当操作者面对刀具主轴向立柱看，右方为 X 轴正方向。Y 轴垂直于 Z 轴和 X 轴，当操作员面对刀具主轴，指向刀具主轴为 Y 轴正方向。如图 1-4 所示。

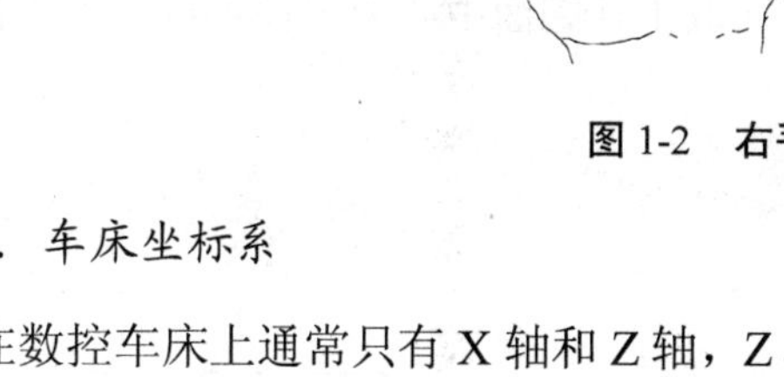

图 1-3　车床坐标系

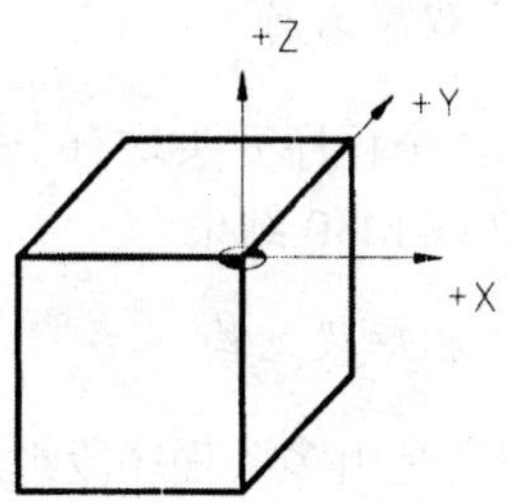

图 1-4　铣床坐标系

1.2.2 机床参考点和工件坐标系零点

1. 机床参考点

机床参考点的位置在每个轴上都是通过减速行程开关粗定位，然后由编码器零位电脉冲精定位的。数控机床通电后，必须首先使各轴均返回各自的参考点，从而确定了机床坐标系后，才能进行其他操作。一般机床的参考点的坐标值设为零，此时机床参考点也就是机床坐标系的零点（也叫原点），所以回参考点也称为回零操作，回零后，机床绝对坐标值为 0。

值得注意的是不同数控系统回参考点的动作细节不同，因此当使用时，应仔细阅读其有关的说明。

2. 工件坐标系零点（原点）

在工件坐标系上，确定工件轮廓的编程和计算零点称为工件坐标系零点，简称为工件零点，亦称编程零点。一般通过对刀确定，往往取工件端面中心为工件零点，因为计算和对刀方便。如图 1-5 和图 1-6 所示。

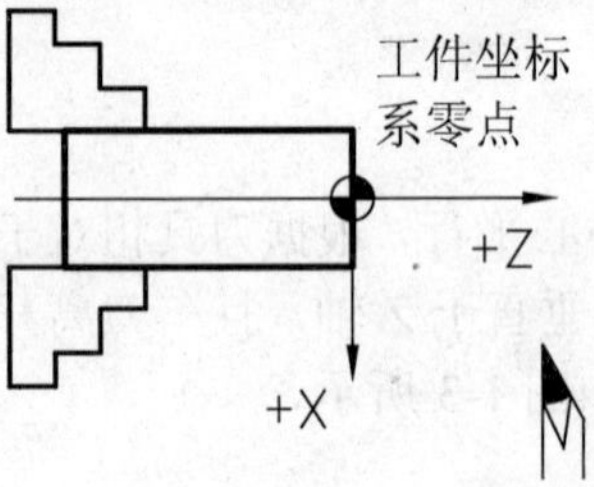

图 1-5 数控车床工件坐标系零点

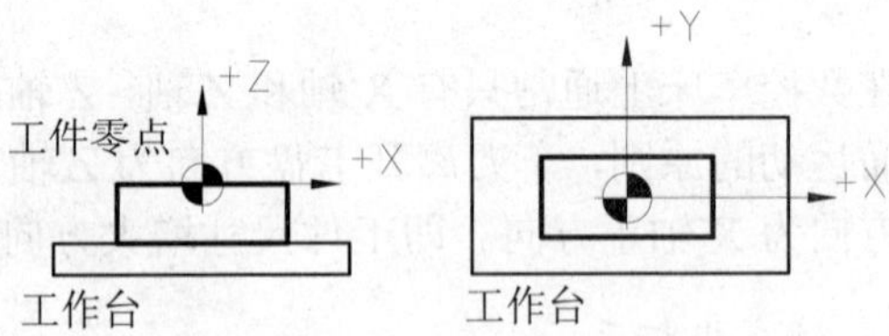

图 1-6 数控铣床工件坐标系零点

1.2.3 程序结构

1. 程序名称

每一个程序开头均有一个程序名，在编程时按说明书确定程序名。程序以程序号开始，以 M02 或 M30 结束。

2. 程序段结构

程序是由多条程序段组成，每一条程序段执行一个加工步骤。译码处理也以程序段为单位进行。程序段由若干字组成，字是组成程序段的元素，由字构成控制器的指令，故字也称为指令。字由地址和数值组成，地址一般是字母，数值是一个数字，同一地址可能有不同的含义，取决于用何种功能。其结构如：N1 G00 X60 Z20，N2 G01 Z-20 F50。

3. 程序结构

程序有主程序和子程序两种，数控系统按主程序运转，当主程序上有调用子程序的命令时，则按子程序运转。并且在子程序中，当遇到返回主程序的指令时，又按主程序运转。子程序嵌套级数可参照说明书。

1.2.4 指令表

因不同数控系统的指令不尽相同。故从手册上节选了一部分（如表 1-1、1-2、1-3、1-4、1-5 所示）以供参考。

表 1-1　FANUC 数控系统地址表

功　能	地　址	说　明
程序号	O	程序编号 O（0000～9999）
顺序号	N	顺序编号 N（1～9999）
准备功能	G	指令运动状态 G（00～99）
尺寸字	X、Y、Z、U、V、W R I、J、K	坐标轴的移动指令 圆弧半径 圆弧中心的坐标
进给功能	F	进给速度的指定或螺距
主轴功能	S	主轴转速指令
刀具功能	T	刀具号和刀具偏置号
辅助功能	M	机床侧开/关控制指令
子程序号指令	P	调用子程序号
重复次数	L	子程序调用次数
参数	P、Q、R、V、U、W、I、J、K、A	切削循环参数

表 1-2　FAUNC 数控系统 G 指令及其功能（节选）

G 指令	组别	用于数控车床的功能	用于数控铣床的功能
G00	01	快速定位	相同
G01		直线插补	相同
G02		顺时针圆弧插补	相同
G03		逆时针圆弧插补	相同
G04	00	暂停	相同
G40	07	刀尖半径补偿取消	刀具半径补偿取消
G41		刀尖半径左补偿	刀具半径左补偿
G42		刀尖半径右补偿	刀具半径右补偿
G54～G59	14	工件坐标系设置 1～6	相同

（续表）

G 指令	组别	用于数控车床的功能	用于数控铣床的功能
G70	00	精车循环	
G71		外圆/内孔粗车循环	
G72		端面粗车循环	
G73		封闭轮廓车削循环	高速深孔钻孔循环
G74		端面深孔加工循环	左旋攻螺纹循环
G75		外径/内径切槽循环	精镗循环
G76		螺纹车削循环	
G90	01	外径/内径车削循环	绝对坐标编程
G91			增量坐标编程
G92		单次螺纹车削循环	工件坐标原点设置
G94		单次端面车削循环	

注：其中 00 组的 G 指令称为非模态指令或 G 指令，它只限定在被指定的程序段中有效。其余组的 G 指令属于模态 G 指令，是指在同一组其他 G 指令被指定前均有效。

表 1-3　FANUC 数控系统 M 指令（节选）

指令	功能	说明
M00	程序停止	当执行了 M00 的程序段后，停止自运转，并全部保存停止前的模态信息。利用自动运转的启动按钮，可以重新启动自动运转
M01	程序选择停止	与 M00 一样，当执行了 M01 后，停止自动运转，但受面板上“选择停止开关”为 ON 状态的限制
M02	程序结束	该指令表示主程序结束。停止自动运转，数控系统变为复位状态
M03	主轴正转	
M04	主轴反转	
M05	主轴停止	
M98	子程序调用	其后 P 地址指定子程序号，L 地址指定调用次数
M99	子程序调用返回	子程序结束，并返回到主程序 M98 所在程序行的下一行

表 1-4　SIEMENS 802D 数控系统指令表和地址表（节选）

代　码	功　能
G0	快速移动
G1	直线插补
G2	顺时针圆弧插补
G3	逆时针圆弧插补
G4	暂停
G17	X/Y 平面
G18	Z/X 平面
G19	Y/Z 平面

（续表）

代　　码	功　　能
G40 G41 G42	刀具半径补偿取消 刀具半径左补偿 刀具半径右补偿
G54～G59	设定零点偏置
G90 G91	绝对尺寸 增量尺寸
M0	程序停止
M2	程序结束
M3	主轴顺时针旋转
M4	主轴逆时针旋转
M5	主轴停
MCALL	模态子程序调用
CYCLE	加工循环（81、82、83、84、85、86、88、71、72）

表 1-5　华中 HNC-21T 常用 G 指令

代码	组别	意　　义	代码	组别	意　　义
G00 G01 G02 G03	01	快速定位 直线插补 圆弧插补　（顺时针） 圆弧插补　（逆时针）	G57 G58 G59	11	零点偏置
			G65	00	宏指令简单调用
G04	00	暂停延时	G66 G67	12	宏指令模态调用 宏指令模态调用取消
G20 G21	08	英制输入 公制输入	G90 G91	13	绝对值编程 增量值编程
G27 G28 G29	00	参考点返回检查 返回到参考点 由参考点返回	G92	00	坐标系设定
G32	01	螺纹切削	G80 G81 G82	01	内、外径车削单一固定循环 端面车削单一固定循环 螺纹车削单一固定循环
G40 G41 G42	09	刀具半径补偿取消 刀具半径左补偿 刀具半径右补偿	G94 G95	14	每分进给 每转进给
G52	00	局部坐标系设定	G71 G72 G73 G76	06	内、外径车削复合固定循环 端面车削复合固定循环 封闭轮廓车削复合固定循环 螺纹车削复合固定循环
G54 G55 G56	11	零点偏置			

HNC-22M 常用 G 准备功能指令见表 1-6 所示。

表 1-6 HNC-22M 常用 G 准备功能指令

G 代码	组别	解释	G 代码	组别	解释
*G00	01	快速移动	G56	14	工件坐标系 3 选择
G01		直线插补	G57		工件坐标系 4 选择
G02		顺时针圆弧插补	G58		工件坐标系 5 选择
G03		逆时针圆弧插补	G59		工件坐标系 6 选择
G04	00	暂停	G60	00	单方向定位
G07	16	虚轴指定	*G61	12	精确停止校验方式
G09	00	准停校验	G64		连续方式
*G17	02	XY 平面选择	G68	05	旋转变换
G18		XZ 平面选择	*G69		旋转取消
G19		YZ 平面选择	G73	09	深孔钻削循环
G20	08	英寸输入	G74		逆攻丝循环
*G21		毫米输入	G76		精镗孔循环
G22		脉冲当量	*G80		固定循环取消
G24	03	镜像开	G81		中心钻循环
*G25		镜像关	G82		钻孔循环
G28	00	返回到参考点	G83		深孔钻循环
G29		由参考点返回	G84		攻丝循环
*G40	07	刀具半径补偿取消	G85		镗孔循环
G41	08	左刀补	G86		镗孔循环
G42		右刀补	G87		反向镗孔循环
G43		刀具长度正向补偿	G88		镗孔循环
G44		刀具长度负向补偿	G89		镗孔循环
*G49		刀具长度补偿取消	*G90	03	使用绝对值命令
*G50	04	缩放关	G91		使用增量值命令
G51		缩放开	G92	00	工件坐标系设定
G52	00	局部坐标系设定	*G94	14	每分钟进给
G53		直接机床坐标系编程	G95		每转进给
*G54	14	工件坐标系 1 选择	*G98	10	固定循环返回起始点
G55		工件坐标系 2 选择	G99		返回固定循环 R 点

1.3 数控机床基本操作

在数控机床加工之前，首先要明白操作面板上各个部分的具体含义，再明白对刀过程和程序编制，然后才能进行加工操作。下面举例说明数控机床加工的过程。

1.3.1　采用 FANUC 0i 数控车床进行车削加工

1. 手动返回机床参考点（回零）

数控机床要求在开机后必须先回参考点，又称机床回零。然后才能对机床进行对刀、自动加工等操作。手动返回机床参考点的方法与步骤：

机床上电→系统上电→解除急停→将方式选择开关置回零模式“ZRN”→分别按下[+Z]、[+X]两按钮则机床返回参考点，返回参考点指示灯亮，机床坐标数值清零。目前有些机床是不需手动操作回零的，这一步骤可以省略。

2. 手动操控机床

手动操控机床有两种方法：

（1）将选择方式开关“JOG”通过[+X]、[-X]、[+Z]、[-Z]按钮结合（FEED RATE OVERRIDE）进给倍率选择旋钮使车床上的拖板移动。也可以通过[+X]、[-X]、[+Z]、[-Z]按钮加包含在它们中间的快速移动按钮结合（OVERRIDE RAPID）旋钮使快速移动。

（2）手摇轮进给，选择方式开关“HANDLE”结合倍率“×1”、“×10”、“×100”与坐标轴选择开关，转动手摇轮使车床上的拖板移动。

换刀方式也可选用手动换刀。先将选择方式开关“JOG”或“HANDLE”→直接点动[MTCH]按钮，即实现换刀。

3. MDI 操作方式的使用

选择方式开关“MDI”→按[PROM]键→键入要输入的主轴转速与主轴转向如 M03 S500；或刀具：T0101；→按[INSERT]输入→按[CYCLE START]启动主轴正转 500 r/min 或换到 1 号刀。主轴停止时可直接按[RESET]键。

4. 程序的输入“EDIT”

输入方法与步骤为：

（1）选择工作方式开关“EDIT”，按下键盘上的[PROG]键。

（2）输入程序名“O 0001”按[INSERT]键。

则进入程序编辑界面，进行手工输入程序。

[EOB]键为“；”用于分行。[INSERT]键用于程序段输入。[CAN]键，可光标前清除错误的字（未按“[INSERT]键”前）。[ALTER]键用于程序段替换。[DELETE]键用于光标后面程序段删除及程序删除。

程序检索是在“EDIT”方式下→按[PROM]键→键入要检索的程序号→按[↓]键进行。

5. 试切法对刀

用试切法对刀进行刀具位置偏置补偿值的输入与修改。在数控车床操作过程中，运用试切法对刀来建立工件坐标系。对刀原理如图 1-7。

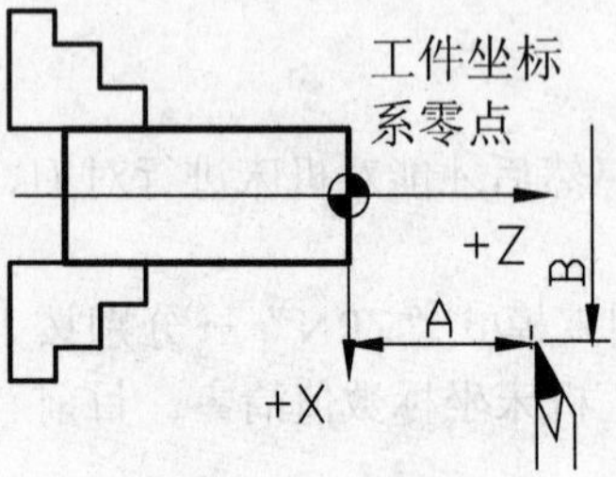

图 1-7

试切法进行刀具偏置值的设定过程：

对刀前，应先把机床返回参考点将一工件（最好是已加工过的工件）夹在三爪卡盘上，启动机床，以手摇轮方式进行对刀（以 90º 偏刀为例）

（1）Z 向：慢慢使刀具靠近工件，将车刀刀尖与工件的最前端面轻轻接触，然后 Z 向不动，X 向退出车刀，在控制面板上按下[OFFSET SETTING]→移动光标使补偿号与刀具号相一致（为了记忆和编程方便，通常将 T 代码指令中的刀具编号与刀具补偿号相同，如：T0101、T0202 等）→输入 Z 0→这时在 CRT 屏幕下方显示有“测量”字体，按下其所对应的软键，偏置值输入完毕。

（2）X 向：慢慢使刀具靠近工件，将车刀刀尖与工件的任一外圆轻轻接触，然后 X 向不动，Z 向退出车刀(此时 CRT 画面仍在刀具偏置上) →测量出与刀尖相接触的工件外圆值→移动光标使补偿号与刀具号相一致→输入 X+ 测量出的工件外圆值（如：X20.45、X33.08 等）→这时在 CRT 屏幕下方显示有“测量”字体，按下其所对应的软键，偏置值输入完毕。

刀具偏置值的修改：

无论采用何种方法对刀，对刀误差是不可避免的。而且刀具在使用一段时间后会磨损，这些都会影响加工精度，所以当试切加工后发现工件尺寸不符合要求时，应根据工件实测尺寸对刀偏值进行修改。

修改方法为一：在控制面板上按下[OFFSET SETTING]→移动光标使光标在要修改的刀具偏置值上→直接输入该误差值，不要加 X、Z 等前缀，如：0.02、-0.015→这时在 CRT 屏幕下方显示有“+输入”字体，按下其所对应的软键，修改值输入完毕。

修改方法为二：在控制面板上按下[OFFSET SETTING]直接选择磨损值输入表→选择相应的刀偏号直接输入磨损量。

6. 自动运行操作“AUTO”

启动机床自动加工前再检查一下准备工作确认工件已装夹好→所需刀具已装夹完毕→程序输入并检查→各刀具的补偿值已输入系统→将（FEED RATE OVERRIDE）进给倍率选择旋钮至适当位置（一般为 100%）→选择方式开关“EDIT”选择所需的程序→选择方式开关“AUTO”→按[CYCLE START]按钮启动。

1.3.2　采用华中数控铣床进行铣削加工

1. 手动返回机床参考点（回零）

数控机床要求在开机后必须先回参考点，又称机床回零。然后才能对机床进行对刀、自动加工等操作。手动返回机床参考点的方法与步骤：

开压缩空气开关→机床上电→系统上电→解除急停→方式选择开关置回零模式“回零”→分别按下[+Z]、[+X]、[+Y]按钮则机床返回参考点，返回参考点指示灯亮，机床坐标数值清零。

2. 手动操控机床

手动操控机床有两种方法：

一是将方式选择开关置“手动”通过[+X]、[−X]、[+Z]、[−Z]、[−Y]、[+Y]按钮结合进给倍率修调开关使工作台移动。也可以通过方向按钮加中间的快速移动按钮结合使快速移动。

二是手摇轮进给，置增量方式，用手摇轮进行工作台的移动操作。

换刀方式也可选用手动换刀。按[允许换刀]，刀具松开按钮取刀柄，实现换刀。

3. MDI 操作方式的使用

选择方式开关键置“单段”→按“MDI”对应软键→键入要输入的主轴转速与主轴转向如 M03 S500→按[回车]输入→按[循环启动]启动主轴正转 500 r/min。主轴停止时可直接按急停键，或输入 M05 指令执行。

4. 程序的输入“程序编辑 F2”

输入方法与步骤为：

（1）将工作方式选择任意，按“程序编辑 F2”。

（2）输入文件名“O 0001”　按回车。按程序名“%0001”回车。

则进入程序编辑界面，进行手工输入程序。

回车键“Enter”用于分行和程序输入。[BS]键，可光标前清除错误的字。[ALT]键用于程序段替换。[DEL]键用于光标后面程序段删除及程序删除。注意程序保存[F4]。

程序检索是在“铣择程序”下→按上下光标键→按[Enter]回车键进行。

5. 试切法对刀

用机械式寻边器（图 1-8）进行 X 和 Y 方向对刀机床有机床坐标系，而加工工件时往往参照工件坐标系来加工，因为参照机床坐标系进行加工，会提高编程难度，为了使工件上的点获得简单的坐标值，就需要参照工件坐标系。这个工件坐标系依据所要加工的工件来设定，整个过程通过对刀的方法来实现。

工件坐标系的原点通常设在工件上表面的正当中，此时工件坐标系的原点与机床坐标系的原点有一个位置关系。

即工件坐标系的原点在点（x,y,z）的位置，这个点的三个坐标值是参照机床坐标系得到的。直接获得此点的 x 和 y 坐标值比较困难（z 值可以直接获得），因此需要通过寻边器对刀的方法间接获得工件坐标系原点的两个坐标值，此方法如图 1-9 所示。

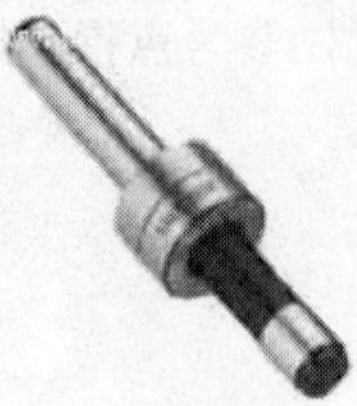

图 1-8

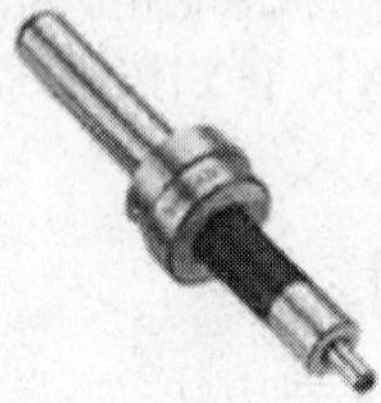

图 1-9

X 和 Y 方向对刀可以用刀或用寻边器对刀，两者的原理一模一样。如图 1-10 所示，工件装到工作台上之后，把寻边器装到主轴上，使主轴旋转，在 MDI 编辑模式中给定转速在 400 r/min 到 600 r/min 之间。寻边器转起来之后，由于离心力的作用，寻边器上下两体就会偏心，此时操作手轮使寻边器去接触工件的一个边，直到寻边器上下两体同心（寻边器上下两体错开和重合的临界状态），就找到了所要找的那个边的位置。此时记下机床实际坐标系中对应的坐标值，接着找对边的位置，找到后再读对应的坐标值，两个值的平均值就是工件坐标系原点相应方向的坐标值。得到 x 和 y 两个值之后，在“设置”——“坐标系设定”中的 G54～G59 中任选一个相对坐标系输入两个值，在只有一个工件坐标系的情况下，习惯上把工件坐标系原点的坐标值输在 G54 当中。

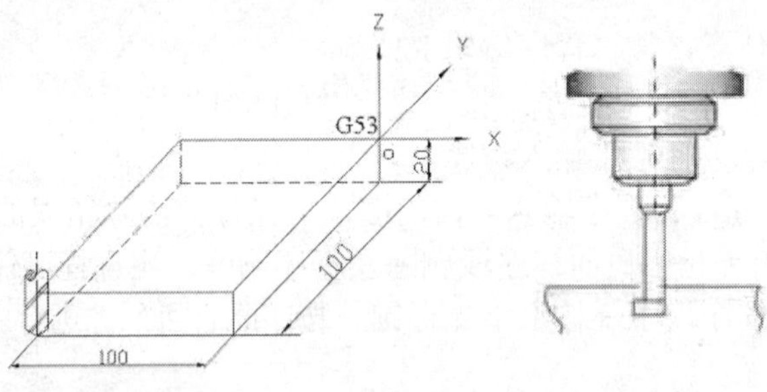

图 1-10

输入两个值之后，必须进行检验。在手动功能下把主轴抬起离开工件，再在 MDI 模式下输入 G54G00X0Y0，按“循环启动”键。此时，看主轴是否停留在了工件的正当中。如果主轴停留在了工件的正当中，说明对刀正确，否则错误，必须重新对刀。

（3）Z 方向对刀

在刀库中调用或手动装上要使用的刀具，装好刀具后，在 MDI 模式下启动主轴旋转，即用 M03 S1000 的指令使刀具旋转。旋钮打在“增量”功能，用手抡方式选择×100 的速度接近工件，当快要接触到工件时（离工件 3～5 mm）,选择×10 慢速试切工件上表面，直到有切屑产生时停止进给，然后读出机械坐标系当中的 Z 值。把对出来的数据输入到“刀具补偿”里对应的 H 长度补偿当中，按 Enter 输入，或直接把数据数到 G54 的 Z 值里。

第 2 章　数控加工工艺基础

数控加工工艺，就是指用数控机床加工零件的一种工艺方法。在数控机床上加工零件，首先遇到的问题就是工艺问题。数控机床的加工工艺与普通机床的加工工艺有许多相同之处，也有许多不同，在数控机床上加工的零件通常要比普通机床所加工的零件工艺规程复杂得多。在数控机床机床加工前，要将机床的运动过程、零件的工艺过程、刀具的形状、切削用量和走刀路线等都编入程序，这就要求程序设计人员要有多方面的知识基础。合格的程序员首先是一个很好的工艺人员，应对数控机床的性能、特点、切削范围和标准刀具系统等有较全面的了解，否则就无法做到全面周到地考虑零件加工的全过程以及正确、合理地确定零件的加工程序。

数控机床是一种高效率的设备，它的效率一般高于普通机床 2～4 倍。要充分发挥数控机床的这一特点，必须熟练掌握性能、特点及使用方法，同时还必须在编程之前正确地确定加工方案，进行工艺设计，再考虑编程。

根据实际应用中的经验，数控加工工艺主要包括下列内容：

（1）选择并决定零件的数控加工内容；

（2）零件图样的数控工艺性分析；

（3）数控加工的工艺路线设计；

（4）数控加工工序设计；

（5）对零件图形的数学处理；

（6）编写加工程序；

（7）数控加工专用技术文件的编写。

其实，数控加工工艺设计的原则和内容在许多方面与普通加工工艺相同，在使用方法上也有很多相似之处，下面主要针对不同点进行简要说明。

2.1　数控加工工艺内容的选择

对于某个零件来说，并非全部加工工艺过程都适合在数控机床上完成。而往往只是其中的一部分适合于数控加工。这就需要对零件图样进行仔细的工艺分析，选择那些最适合、最需要进行数控加工的内容和工序。在选择并作出决定时，应结合本企业设备的实际，立足于解决难题、攻克关键和提高生产效率，充分发挥数控加工的优势。在选择时，一般可按下列顺序考虑：

（1）通用机床无法加工的内容应作为优选内容；

（2）通用机床难加工，质量也难以保证的内容应作为重点选择内容；

（3）通用机床效率低、人工手工操作劳动强度大的内容，可在数控机床尚存在富余能力的基础上进行选择。

一般来说，上述这些加工内容采用数控加工后，在产品质量、生产效率与综合效益等方面都会得到明显提高。相比之下，下列一些内容则不宜选择采用数控加工：

（1）占机调整时间长。如：以毛坯的粗基准定位加工第一个精基准，要用专用工装协调的加工内容；

（2）加工部位分散，要多次安装、设置原点。这时，采用数控加工很麻烦，效果不明显，可安排通用机床补加工；

（3）按某些特定的制造依据（如：样板等）加工的型面轮廓。主要原因是获取数据困难，易与检验依据发生矛盾，增加程编程难度。

此外，在选择和决定加工内容时，也要考虑生产批量、生产周期、工序周转情况等等。总之，要尽量做到合理，达到多、快、好、省的目的。要防止把数控机床降格为通用机床使用，要灵活掌握，适时处理。

2.2　数控加工艺性分析

在选择和决定数控加工内容的过程中，数控技术人员已经对零件图样作过一些工艺性分析，但还不够具体与充分。在进行数控加工的工艺分析时，还应根据所掌握的数控加工基本特点及所用数控机床的功能和实际工作经验，力求把这一前期准备工作做得更仔细、更扎实一些，以便为下面要进行的工作铺平道路，减少失误和返工，不留隐患。

对图样的工艺性分析与审查，一般是在零件图设计和毛坯设计以后进行的，特别是在把原来用通用机床加工的零件改为数控加工的情况下，零件设计都已经定型，我们再要求根据数控加工工艺的特点，对图样或毛坯进行较大的更改，一般是比较困难的，所以，一定要把重点放在零件图样或毛坯图样初步设计定型之间的工艺性审查与分析上。因此，程编人员要与设计人员密切合作，参与零件图样审查，提出恰当的修改意见，在不损害零件使用特性的许可范围内，更多地满足数控加工工艺的各种要求。

关于数控加工的工艺性问题，其涉及面广，这里仅从数控加工的可能性与方便性两个角度提出一些必须分析和审查的主要内容。

（1）尺寸标注应符合数控加工的特点。在数控编程中，所有点、线、面的尺寸和位置都是以编程原点为基准的。因此，零件图中最好直接给出坐标尺寸，或尽量以同一基准引注尺寸。这种标注法，既便于编程，也便于尺寸之间的相互协调，在保持设计、工艺、检测基准与编程原点设置的一致性方面带来很大的方便。由于零件设计人员往往在尺寸标注中较多地考虑装配等使用特性方面，而不得不采取局部分散的标注方法，这样会给工序安排与数控加工带来诸多不便。事实上，由于数控加工精度及重复定位精度都很高，不会因产生较大的累积误差而破坏使用性能，因而改动局部的分散标注为集中引注或坐标式尺寸是完全可以的。

（2）几何要素的条件应完整、准确。在程序编制中，编程人员必须充分掌握构成零件轮廓的几何参数间的关系。因为在自动编程时要对构成零件轮廓的所有几何元素进行定义，手工编程时要计算出每一个节点的坐标，无论哪一点不明确或不确定，编程都无法进行。但由于零件设计人员在设计过程中考虑不周或被忽略，常常出现给出参数不全或不清楚，也可能有自相矛盾之处，如：圆弧与直线、圆弧与圆弧到底是相切还是相交或相离状态，这就增加了数学处理与节点计算的难度。所以，在审查与分析图样时，一定要仔细认真，发现问题及时找设计人员更改。

（3）定位基准可靠。在数控加工中，加工工序往往较集中，可对零件进行双面、多面的顺序加工，以同一基准定位十分必要，否则很难保证两次安装加工后两个面上的轮廓位置及尺寸协调。所以，如零件本身有合适的孔，最好是用它来作定位基准孔，即使零件上没有合适的孔，也要想办法专门设置工艺孔作为定位基准。如零件上实在无法制出工艺孔，可以考虑以零件轮廓的基准边定位或在毛坯上增加工艺凸耳，制出工艺孔，在完成定位加工后再除去的方法。

此外，在数控铣削工艺中也常常需要对零件轮廓的凹圆弧半径及毛坯的有关问题提一些特殊要求，在此不再赘述。

2.3 数控加工工艺路线的设计

数控加工的工艺路线设计与用通用机床加工的工艺路线设计的主要区别在于它不是指从毛坯到成品的整个工艺过程，而仅是几道数控加工工序工艺过程的具体描述。因此在工艺路线设计中一定要注意到，由于数控加工工序一般均穿插于零件加工的整个工艺过程中间，因而要与普通加工工艺衔接好。

另外，许多在通用机床加工是由工人根据自己的实践经验和习惯自行决定的工艺问题，如：工艺中工步的划分与安排、刀具的几何形状、走刀路线及切削用量等，都是数控工艺设计时必须认真考虑的内容，并将正确的选择编入程序中。在数控工艺路线设计中应注意以下几个问题。

1. 工序的划分

根据数控加工的特点，数控加工工序的划分一般可按下列方法进行：

（1）以一次安装、加工作为一道工序。这种方法适合与加工内容不多的工件，加工完成后就能达到待检状态。

（2）以同一把刀具加工的内容划分工序。有些零件虽然能在一次安装中加工出很多待加工面，但考虑到程序太长，会受到某些限制，如：控制系统的限制（主要是内存容量），机床连续工作时间的限制（如一道工序在一个工作班内不能结束）等。此外，程序太长会增加出错与检索困难。因此程序不能太长，一道工序的内容不能太多。

（3）以加工部位划分工序。对于加工内容很多的零件，可按其结构特点将加工部位分成几个部分，如内形、外形、曲面或平面。

（4）以粗、精加工划分工序。对于易发生加工变形的零件，由于粗加工后可能发生的变形而需要进行校形，故一般来说凡要进行粗、精加工的都要将工序分开。

总之，在划分工序时，一定要视零件的结构与工艺性、机床的功能、零件数控加工内容的多少、安装次数及本企业生产组织状况灵活掌握。什么零件宜采用工序集中的原则还是采用工序分散的原则，也要根据实际情况合理确定。

2. 顺序的安排

顺序的安排根据零件的结构和毛坯状况，以及定位安装与夹紧的需要来考虑，重点是工件的刚性不被破坏。顺序安排一般应按以下原则进行：

（1）上道工序的加工不能影响下道工序的定位与夹紧，中间穿插有通用机床加工工序的也要综合考虑；

（2）先进行内形内腔加工工序，后进行外形加工工序；

（3）以相同定位、夹紧方式或同一把刀具加工的工序，最好接连进行，以减少重复定位次数、换刀次数与挪动压板次数；

（4）在同一次安装中进行的多道工序，应先安排对工件刚性破坏较小的工序。

3. 数控加工工艺与普通工序的衔接

数控工序前后一般都穿插有其他普通工序，如衔接得不好就容易产生矛盾，因此在熟悉整个加工工艺内容的同时，要清楚数控加工工序与普通加工工序各自的技术要求、加工目的、加工特点，如：要不要留加工余量，留多少；定位面与孔的精度要求及形位公差；对校形工序的技术要求；对毛坯的热处理状态等，这样才能使各工序达到相互能满足加工需要，且质量目标及技术要求明确，交接验收有依据。

数控工艺路线设计是下一步工序设计的基础，起设计质量会直接影响零件的加工质量与生产效率，设计工艺路线是应对零件图、毛坯图认真消化，结合数控加工的特点灵活运用普通加工工艺的一般原则，尽量把数控加工工艺路线设计得更合理一些。

2.4 数控加工工序的设计

当数控加工工艺路线设计完成后，各道数控加工工序的内容已基本确定，要达到的目标已比较明确，对其他一些问题（如：刀具、夹具、量具、装夹方式等），也清楚，然后便可以着手数控工序设计。

在确定工序内容时，要充分注意到数控加工的工艺是十分严密的。因为数控机床虽然自动化程度较高，但自适应性差。它不能像通用机床，加工时可以根据加工过程中出现的问题比较自由地进行人为调整，即使现代数控机床在自适应调整方面作出了不少努力与改进，但自由度也不大。比如，数控机床在攻制螺纹时，它就不知道孔中是否已挤满了切屑，是否需要退一下刀，或清理一下切屑再干。所以，在数控加工的工序设计中必须注意加工过程中的每一个细节。同时，在对图形进行数学处理、计算和编程时，都要力求准确无误。因为，数控机床比同类通用机床价格高的多，在数控机床上加工的也都是一些形状比较复杂、价值也较高的零件，万一损坏机床或零件都会造成较大的损失。在实际工作中，由于一个小数点或一个逗号的差错而酿成重大机床事故和质量事故的例子也是屡见不鲜的。

数控工序设计的主要任务是进一步把本工序的加工内容、切削用量、工艺装备、定位夹紧方式及刀具运动轨迹都确定下来，为编程加工程序作好充分准备。

1. 确定走刀线和安排工步顺序

在数控加工工艺过程中，刀具时刻处于数控系统的控制下，因而每一时刻都应有明确的运动轨迹及位置。走刀路线就是刀具在整个加工工序中运动轨迹，它不但包括了工步的内容，也反映出工步顺序。走刀路线是编写程序的依据之一，因此，在确定走刀路线是，最好画一张工序简图，将已经拟定出的走刀路线画上去（包括进、退刀路线），这样可为编程带来不少方便。工步的划分与安排一般可随走刀路线来进行，在确定走刀路线时，主要考虑以下几点：

（1）寻求最短加工路线，减少空刀时间以提高加工效率；

（2）为保证工件轮廓表面加工后的粗糙度要求，最终轮廓应安排在最后一次走刀中连续加工出来；

（3）刀具的进、退刀（切入与切出）路线要认真考虑，以尽量减少在轮廓切削中停刀（切削力突然变化造成弹性变形）而留下刀痕，也要避免在工件轮廓面上垂直上下刀而划伤工件；

（4）要选择工件在加工后变形小的路线，对横截面积小的细长零件或薄板零件应采用分几次走刀加工到最后尺寸或对称去余量法安排走刀路线。

2. 定位基准与夹紧方案的确定

在确定定位基准与夹紧方案时应注意下列三点：

（1）尽量可能做到设计、工艺与编程计算的基准

（2）尽量将工序集中，减少装夹次数，尽量可能做到在一次装夹后就能加工出全部待加工表面。

（3）避免人工调整装夹方案。

3. 夹具的选择

由于夹具确定了零件在机床坐标系中的位置，即加工原点的位置，因而首先要求夹具能保证零件在机床坐标系中的正确坐标方向，同时协调零件与机床坐标系中的尺寸。除此之外，主要考虑下列几点：

（1）当零件加工批量小时，尽量采用组合夹具，可调式夹具及其他通用夹具；

（2）当小批量或成批生产时才考虑采用专用夹具，但应力求结构简单；

（3）夹具要开敞，其定位、夹紧机构元件不能影响加工中的走刀（如产生碰撞等）；

（4）装卸零件要方便可靠，以缩短准备时间，有条件时，批量较大的零件应采用气动或液压夹具、多工位夹具。

4. 刀具的选择

数控机床对所使用的刀具有许多性能上的要求，只有达到这些要求才能使数控机床真正发挥效率。在选择数控机床所用刀具时应注意以下几个方面：

（1）良好的切削性能。现代数控机床正向着高速、高刚性和大功率方向发展，因而所使用刀具必须具有能够承受高速切削和强力切削的性能。同时，同一批刀具在切削性能和刀具寿命方面一定要稳定，这是由于在数控机床上为了保证加工质量，往往实行按刀具使用寿命换刀或由数控系统对刀具寿命进行管理。

（2）较高的精度。随着数控机床、柔性制造系统的发展，要求刀具能实现快速和自动换刀；又由于加工零件日益复杂和精密，这就要求刀具必须具备较高的形状精度。对数控机床上所用的整体式刀具也提出了较高的要求，有些立铣刀的径向尺寸精度高达 5 μm 以满足精密零件的加工需要。

（3）先进的刀具材料。刀具材料是影响刀具性能的重要环节。除了不断发展常用的高速钢和硬质合金材料外，涂层硬质合金刀具已在国外普遍使用。硬质合金刀片的涂层工艺地在韧性较大的硬质合金基体表面沉积一薄层（一般 5～7 μm)高硬度的耐磨材料，把硬度和韧性高度地结合在一起，从而改善硬质合金刀片的切削性能。

在如何使用数控机床刀具方面，也应掌握一条原则：尊重科学，按切削规律办事。对于不同的零件材质，在客观规律上就有一个切削速度（v）、背吃刀量（a_p）、进给量（f）二者互相适应的最佳切削参数。这对大零件、稀有金属零件、贵重零件更为重要，应在实践中不断摸索这个最佳切削参数。

在选择刀具时，要注意对工件的结构及工艺认真分析，结合工件材料，毛坯余量及刀

具加工部分综合考虑。在确定好以后，要把刀具规格、专用刀具代号和该刀所要加工的内容列表记录下来，供编程时使用。

5. 确定刀具与工件的相对位置

对于数控机床来说，在加工开始时，确定刀具与工件的相对位置是很重要的，它是通过对刀点来实现的。对刀点是指通过对刀确定刀具与工件相对位置的基准点。在程序编制时，不管实际上是刀具相对工件移动，还是工件相对刀具移动，都 是把工件看作静止，而刀具在运动。对刀点往往就是零件的加工原点。它可以设在被加工零件上，也可以设在夹具上与零件定位基准有一定尺寸联系的某一位置。对刀点的选择原则如下：

（1）所选的对刀点应使程序编制简单；

（2）对刀点应选择在容易找正、便于确定零件的加工原点的位置；

（3）对刀点的位置应在加工时检查方便、可靠；

（4）有利于提高精度。

当按照图示路线来编制数控程序时，我们选择夹具定位元件圆柱销的中心线与定位平面的交点作为加工的对刀点。显然，这里的对刀点也恰好是加工原点。

在使用对刀点确定加工原点时，就需要进行“对刀”。所谓对刀是指使“刀位点”与“对刀点”重合的操作。“刀位点”是指刀具的定位基准点。圆柱铣刀的刀位点是刀具中心线与刀具底面的交点；球头铣刀是球头的球心点；车刀是刀尖或刀尖圆弧中心；钻头是钻尖。对刀的具体办法将在以下章节中结合机床进行介绍。

换刀点是为加工中心、数控车床等多刀加工的机床编程而设置的，因为这些机床在加工过程中间要自动换刀。对于手动换刀的数控铣床等机床，也应确定相应的换刀位置。为防止换刀时碰伤零件或夹具，换刀点常常设置在被加工零件轮廓之外，并要有一定的安全量。

6. 确定加工余量

当编制数控加工程序时，编程人员必须确定每道工序的切削用量。确定时一定要根据机床说明书中规定的要求，以及刀具的耐用度去选择，当然也可结合实践经验采用类比的方法来确定切削用量。在选择切削用量时要充分保证刀具能加工完一个零件或保证刀具的耐用度不低于一个工作班，最少也不低于半个班的工作时间。

背吃刀量主要受机床刚度的限制，在机床刚度允许的情况下，尽可能使背吃刀量等于零件的加工余量，这样可以减少走刀次数，提高加工效率。对于表面粗糙度和精度要求较高的零件，要留有足够的精加工余量，数控加工的精加工余量可以比普通机床加工的余量小一些。切削速度、进给速度等参数的选择与普通机床加工基本相同，选择时应注意机床的使用说明书。在计算好各部位与各把刀具的切削用量后，最好能建立一张切削用量表，主要是为了防止遗忘和方便编程。

2.5　数控加工专用技术文件的编写

编写数控加工专用技术文件是数控加工工艺设计的内容之一。这些专用技术文件即是数控加工的依据、产品验收的依据，也是需要操作者遵守、执行的规程；有的则是加工程序的具体说明或附加说明，目的是让操作者更加明确程序的内容、装夹方式、各个加工部位所选用的刀具及其他问题。

为加强技术文件管理，数控加工专用技术文件也应标准化、规范化，但目前国内尚无统一标准，下面介绍几种数控加工专用技术文件，供参考使用。

1. 数控加工工序卡

数控加工工序卡与普通加工工序卡有许多相似之处，所不同的是：草图中应注明编程原点与对刀点，要进行编程简要说明（如：所用机床型号、程序介质、程序编号、刀具半径补偿方式、镜像加工对称方式等）及切削参数（即程序编入的主轴转速、进给速度、最大背吃刀量或宽度等）的决定。

在工序加工内容不十分复杂的情况下，用数控加工工序卡的形式较好，可以把零件草图，尺寸、技术要求、工序内容及编程要说明的问题集中反映在一张卡片上，做到一目了然。工序卡可参看表 2-1、2-2 的格式。

表 2-1　数控车削加工工序卡片

（单位名称）			产品名称		零件名称		零件图号		材料
工序号		程序编号	夹具名称		夹具编号		使用设备		编号
工步号	加工内容	刀具号	刀具名称	刀具规格/mm	主轴转速/(r/min)	背吃刀量/ mm	进给速度	加工余量/mm	备注

编制:　　　　　　　　　　　　校对:　　　　　　　　　　　　审核:

表 2-2 数控铣削加工工序卡片

<table>
<tr><td colspan="3" rowspan="2">（单位名称）</td><td colspan="2">产品名称</td><td colspan="2">零件名称</td><td colspan="2">零件图号</td><td>材料</td></tr>
<tr><td colspan="2"></td><td colspan="2"></td><td colspan="2"></td><td></td></tr>
<tr><td>工序号</td><td colspan="2">程序编号</td><td colspan="2">夹具名称</td><td colspan="2">夹具编号</td><td colspan="2">使用设备</td><td>编号</td></tr>
<tr><td></td><td colspan="2"></td><td colspan="2"></td><td colspan="2"></td><td colspan="2"></td><td></td></tr>
<tr><td>工步号</td><td>加工内容</td><td>刀具号</td><td>刀具名称</td><td>刀具直径¢/㎜</td><td>主轴转速/(r/min)</td><td>长度补偿 H</td><td>半径补偿 D</td><td>进给速度</td><td>备注</td></tr>
<tr><td></td><td></td><td></td><td></td><td></td><td></td><td></td><td></td><td></td><td></td></tr>
<tr><td></td><td></td><td></td><td></td><td></td><td></td><td></td><td></td><td></td><td></td></tr>
<tr><td></td><td></td><td></td><td></td><td></td><td></td><td></td><td></td><td></td><td></td></tr>
<tr><td></td><td></td><td></td><td></td><td></td><td></td><td></td><td></td><td></td><td></td></tr>
<tr><td></td><td></td><td></td><td></td><td></td><td></td><td></td><td></td><td></td><td></td></tr>
<tr><td></td><td></td><td></td><td></td><td></td><td></td><td></td><td></td><td></td><td></td></tr>
<tr><td></td><td></td><td></td><td></td><td></td><td></td><td></td><td></td><td></td><td></td></tr>
<tr><td></td><td></td><td></td><td></td><td></td><td></td><td></td><td></td><td></td><td></td></tr>
</table>

编制： 校对： 审核：

2. 数控加工程序清单及走刀路线图

在数控加工中，常常要注意并防止刀具在运动中与夹具、工件等发生意外的碰撞，为此必须设法告诉操作者关于编程中的刀具运动路线（如：从哪里下刀，在哪里抬刀，哪里是斜下刀等），使操作者在加工前就应了解并计划好夹紧位置及控制元件的高度，这样可以减少上述事故的发生。此外，对有些被加工零件，由于工艺性问题，必须在加工中挪动夹紧位置，也需要事先告诉操作者：在哪个程序段前挪动，夹紧点在零件的什么地方，然后更换到什么地方，需要在什么地方事先备好夹紧元件等，以防出现安全问题。这些用程序说明卡和工序说明卡是难以说明或表达清楚的，如用走刀路线图加以附加说明，效果就会更好。

为简化走刀路线图，一般可采取统一约定的符号来表示。不同的机床可以采用不同图例与格式，请参看后面介绍的格式。

根据实用实践，一般应对加工程序作出说明的主要内容如下：

（1）所用数控设备型号及数控系统型号；

（2）对刀点（编程原点）及允许的对刀误差；

（3）加工原点的位置及坐标方向；

（4）镜像加工使用的对称轴；

（5）所用刀具的规格、图号及其在程序中对应的刀具号，必须按实际刀具半径或长度加大或缩小补偿值的特殊要求（如：用同一条程序、同一把刀具利用改变刀具半径补偿值作粗精加工时）、更换该刀具的程序段号等；

（6）整个程序加工内容的安排（相当于工步内容说明与工步顺序），使操作者明白先干什么，后干什么；

（7）子程序的说明。对程序中编入的子程序应说明其内容，使人明白这一子程序是干什么的；

（8）其他需要作特殊说明的问题，如：需要在加工中更换夹紧点（挪动压板）的计划停加工程序段号，中间测量用的计划停加工程序段号，允许的最大刀具半径和长度补偿值等。

3. 数控机床及刀具调整单

实践证明，仅用加工程序单和工艺规程来进行实际加工还有许多不足之处。由于操作者对程序的内容不清楚，对编程人员的意图不够理解，经常需要编程人员在现场进行口头解释、说明与指导，这种作法在程序仅使用一、二次就不再用了的场合还是可以的。但是，若程序是用于长期批量生产的，则编程人员很难都到达现场。再者，如程序编制人员临时不在现场或调离，已熟悉的操作工人不在场或调离，麻烦就更多了，弄不好会造成质量事故或临时停产。因此，对加工程序进行必要的详细说明是很有用的，特别是对于那些需要长时间保留和使用的程序尤其重要。

根据实用实践，一般应对数控机床及刀具调整说明的主要内容如下：

（1）所用数控设备型号及数控系统型号；

（2）对刀点（编程原点）及允许的对刀误差；

（3）加工原点的位置及坐标方向；

（4）镜像加工使用的对称轴；

（5）所用刀具的规格、图号及其在程序中对应的刀具号，必须按实际刀具半径或长度加大或缩小补偿值的特殊要求（如所用刀具的规格、图号及其在程序中对应的刀具号，必须按实际刀具半径或长度加大或缩小补偿值的特殊要求（如：用同一条程序、同一把刀具利用改变刀具半径补偿值作粗精加工时）、更换该刀具的程序段号等；

（6）其他需要作特殊说明的问题，如：需要在加工中更换夹紧点（挪动压板）的计划停车程序段号，中间测量用的计划停车段号，允许的最大刀具半径和长度补偿值等。

数控机床及刀具调整单可参看后面介绍的格式。

4. 编写要求

数控加工专用技术文件在生产中通常可指导操作工人正确按程序加工，同时也对产品的质量起保证作用，有的甚至是产品制造的依据。所以，在编写数控加工专用技术文件时，应像编写工艺规程一样准确、明了。

编写基本要求：

（1）字迹工整、文字简练达意；

（2）草图清晰、尺寸标注准确无误；

（3）应该说明的问题要全部说得清楚、准确；

（4）文图相符、文实相符，不能互相矛盾；

（5）当程序更改时，相应文件要同时更改，须办理更改手续的要及时办理；

（6）准备长期使用的程序和文件要统一编号，办理存档手续，建立相应的管理制度。

2.6 编程的要求

编程的基本要求如下。

（1）首先要能保证加工精度。

（2）路径规划合理、空行程少，程序运行时间短，加工效率高。

（3）能充分发挥数控系统的功能，提高加工效率。

（4）程序结构合理、规范、易读、易修改、易查错最好采用模块式编程。

（5）在可能的情况下，语句要少。

（6）书写清楚规范（大小写、空格、子程序顺序与主程序一致）。

程序中需注释的内容说明如下。

（1）原则：简繁适当，如是初学者或给初学者看的，应力求详细，可每条语句都注写，而对于经验丰富的人则可少写。

（2）各子程序功用，各加工部分改变时需注写。

（3）换刀或同一把刀调用不同刀补时需注写。

（4）对称中心、轴或旋转中心、轴或缩放中心处应注写。

（5）需暂停或停车测量或改变夹紧位置时应注写。

（6）其他你认为有必要的地方。

（7）程序开始应对程序作必要的说明。

第 3 章　数控考工实训安全教育

安全是社会和企业永恒的主题，安全与人们的生活、工作和学习息息相关。“无危为安，无损则全；安全是富，安全是天。”都充分说明安全对于人的重要性。数控切削机床是通过刀具与工件的相对运动进行的切削加工，虽然有很好保护，但在加工过程中，也会因机床和人为因素造成各种伤害事故。

如何认识并防范危害，这与一个人的安全素质有关。只有通过学习，努力提高自身素质，才不会出误人误己的错事。

生命对于每一个人只有一次。因此，要逐步提高“关爱生命，关注安全”的认识，逐步实现由“要我安全”向“我要安全，我会安全”的转型。

3.1　造成不安全事故的主要原因

（1）安全操作规程不健全、管理不善，操作者违章作业或未穿戴防护用品；

（2）数控机床有缺陷，有按钮或零部件失灵；

（3）工件装夹不牢，破裂，飞出，未关防护门；

（4）工作场地不干净，有油、水、乳化液、铁屑等。

3.2　常见的伤害事故

（1）机器绞缠，如机床的齿轮、丝杆、卡盘等旋转部件将衣服、手臂或头发卷入；

（2）工件、具飞出伤人；

（3）切屑造成的烫伤、划伤、割伤；

（4）场地不卫生，造成摔倒，受伤。

3.3 数控加工实训的安全注意事项

数控实训由于是实践教学不同于课堂教学，存在着一定的安全隐患和需注意的事项。安全工作大于天。

1. 认识安全常识

（1）进入实训场地，必须穿戴好劳防用品，衣服要扣紧，袖口要扎紧，女同学和齐肩长发的男同学必须戴帽子，不准穿裙子，不准戴手套操作，以免造成事故。不准穿短裤、拖鞋、高跟鞋等。

（2）未了解设备的性能和未得到实习指导老师的许可，不得擅自操作实训实习设备以及电源开关等。

（3）工作前必须检查工量具、设备是否完好。

（4）学生在操作中如发现设备故障或异常现象，应立刻停止操作，及时报告实习指导老师以便检查修理，发生险情应立即切断设备电源或按下急停按钮。

（5）不要故意装拆电信设备，以免发生触电事故。

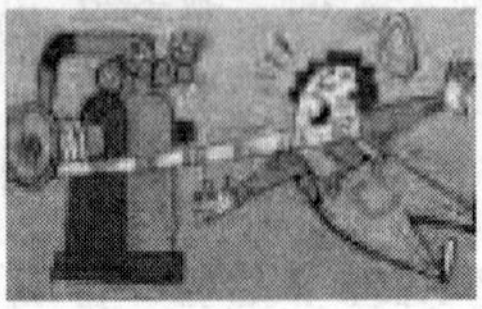

（6）二人以上同时操作一台设备时，需密切配合，启动设备时应打招呼，以免发生事故。

（7）实习学生不准在实习场地互相打闹和喧哗。

（8）学生编写完程序或将程序输入机床后，要通过指导老师检查无误后方可进行试运行。

（9）初学的学生进行机床试运行及自动加工时，须在指导老师的监督下进行。

（10）启动程序时一定要一只手按开始按钮，另一点手准备按急停按钮，程序在运行的过程中，手不能离开急停按钮，如有紧急情况立即按下急停按钮。

2. 提高实习态度

（1）严格遵守实训纪律和安全常识。

（2）尊重老师，虚心向老师请教，服从老师的安排。

（3）要不怕脏、不怕苦、不怕累、要勤于钻研善于感悟。

（4）对工量具和仪器设备要合理使用妥善保管，每天要进行一次保养。

3. 考勤和值日

（1）每天早上，下午各考勤一次，中间根据情况不定期进行考勤。

（2）每天安排一定的同学负责清扫场地卫生，值日的同学必须认真完成自己的本职工作，值日同学须经老师同意方可离开。

第 4 章　数控车削加工实训

4.1　台阶轴加工

4.1.1　目的与要求

（1）熟练掌握机床的面板按钮及基本操作。

（2）熟练掌握试切法对刀。

（3）掌握台阶轴加工的技术要领及各尺寸的控制方法。

（4）掌握零件装夹的操作方法。

（5）掌握端面、圆柱面、圆锥面的编程要点。

4.1.2　举例与示范

（1）对图 4-1 所示零件进行编程和实践操作。

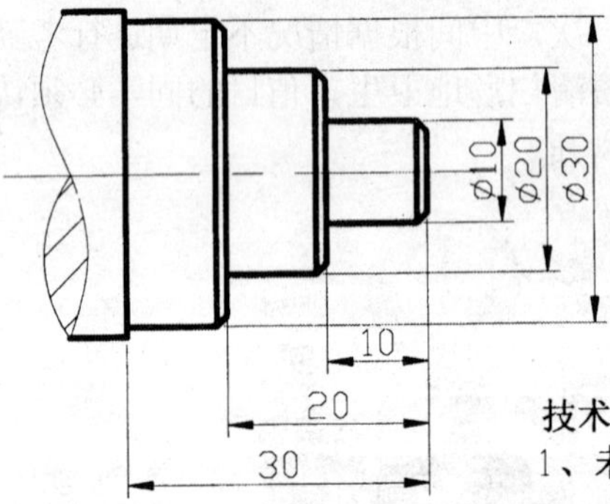

技术要求：
1、未注倒角C1。

图 4-1

（2）工艺分析：

本零件只有一个单件，只要一次装夹就可完成，所以在装夹及伸出长度上要合适，夹紧力要适中。程序在编写的过程中，运用 G71 循环指令。分为粗加工和精加工两部分。选择好合适的切削用量。

① 检查毛坯，三爪卡盘按图 4-2 所示装夹工件。

② 进行试切法对刀，先进行 Z 轴对刀。在 MDI 方式下，主轴正转（M03 S600）。在手摇轮方式下，切削零件端面后沿 X 轴方向退出（注意这时 Z 轴不能移动）。在机床的刀补界面下输入 Z0.测量。如图 4-3 所示。

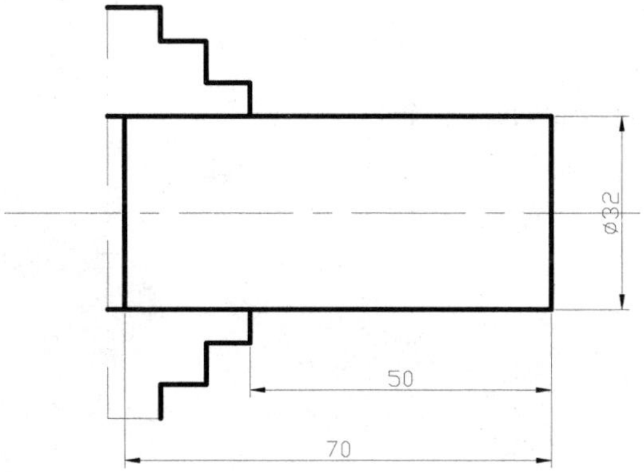

图 4-2

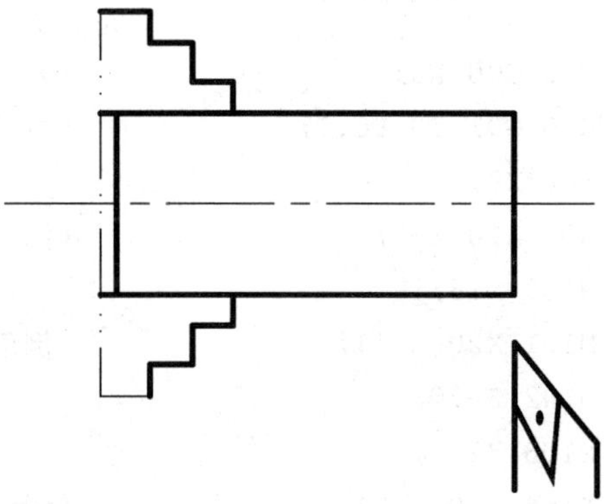

图 4-3

③ 进行试切法对刀，先进行 Z 轴对刀。在 MDI 方式下，主轴正转（M03 S600）。在手摇轮方式下，切削零件外圆后沿 Z 轴方向退出（注意这时 X 轴不能移动）。在机床的刀补界面下输入 X25.74 测量。如图 4-4 所示。

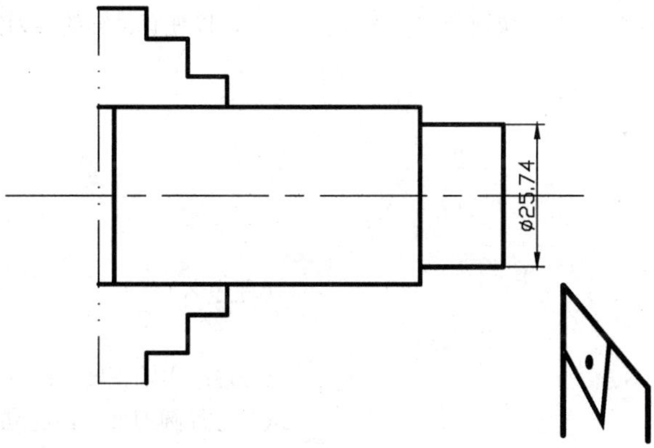

图 4-4

（3）程序示范

```
FANUC-PM 系统
O0001;                        (程序名)
N10 M03 S600;                 (M03：主轴正转，S600：转速为 600 转\分)
N20 T0101;                    (1 号外圆刀准备，建立 01 号刀补)
```

```
N30 G00 X34 Z2;              （快速定位）
N40 G71 U1.5 R0.5;       （G71：粗加工循环。U：X 半径方向进刀量。R：X 半径方向退刀量）
N50 G71 P60 Q106 U0.1 F0.2;  （P．开始循环号，Q：结束循环号。U：X 直径精车余量。F：粗加工进给量）
N60 G00 X0;                  （24 为直径值）
N70 G01 Z0 F0.1;             （F：精加工进给量 0.1 mm/转）
N80 X8;
N90 X10 Z-1;                 （倒角）
N100 X18;
N101 X20 Z-11;               （倒角）
N102 Z-20;
N103 X28 ;
N104 X30 Z-21;               （倒角）
N105 Z-30;
N106 X33;
N107 M03 S1000 ;
N110 G00 X34 Z3;             （快速定位）
N120 G70 P60 Q106 ;          （G70：精车循环 P：开始循环号 Q：结束循环号）
N130 G00 X50 Z100;       （快速定位于 X50，Z100，以使有足够的换刀空间，以免撞刀）
M05;
M30;
```

华中 HNC-21T 系统

```
%  0001                                 （程序名）
N01 M42
N10 M03 S600                            （M03：主轴正转，S600：转速为 600 转/分）
N20 T0101                               （1 号外圆刀准备，建立 01 号刀补）
N30 G00 X34 Z2                          （快速定位）
N40 G71 U1 R0.5 P60 Q106 X0.5 Z0 F100   （G71：粗加工循环 。U：X 半径方向进刀量 。R：X 半径方向退刀量 P:开始循环号，Q：结束循环号。X：X 直径精车余量。Z：Z 方向精车余量。F：粗加工进给量）
N50 M03 S1000 F50                       （精加工参数）
N60 G00 X0
N70 G01 Z0
```

```
N80 X8
N90 X10 Z-1                    （倒角）
N100 X18
N101 X20 Z-11                  （倒角）
N102 Z-20
N103 X28
N104 X30 Z-21                  （倒角）
N105 Z-30
N106 X33
N130 G00 X50 Z100     （快速定位于 X50，Z100，以使有足够的换刀空间，以免撞刀）
M05
M30
```

4.1.3　操作要领及注意事项

（1）机床开机后首先对机床进行回零的操作（不用回零点的机床除外），并且等回零成功后再进行其他的操作。

（2）对刀方法一定要正确。

（3）粗加工主轴转速一般可以选择 S500～S800，进给量 F0.1～F0.3，精加工的主轴转速可以选择 S800～S1200, 进给量 F0.02～F0.15。

（4）程序操作时须从程序头开始。

（5）特别注意机床操作安全，严格执行《数控机床安全操作规程》。

4.1.4　练习题

对图 4-5 和图 4-6 中的零件进行编程和实践操作。

（1）

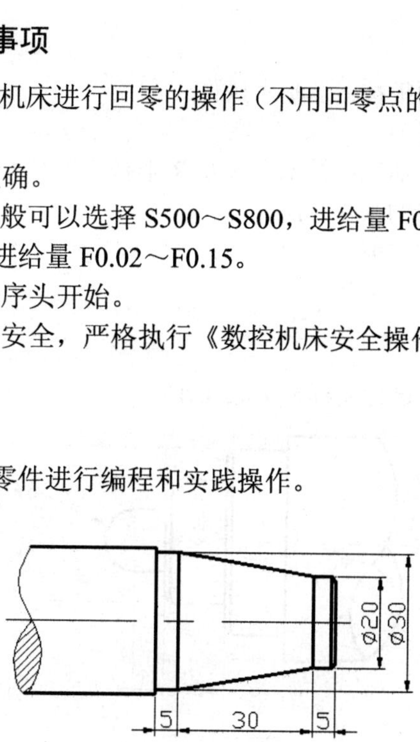

图 4-5

（2）

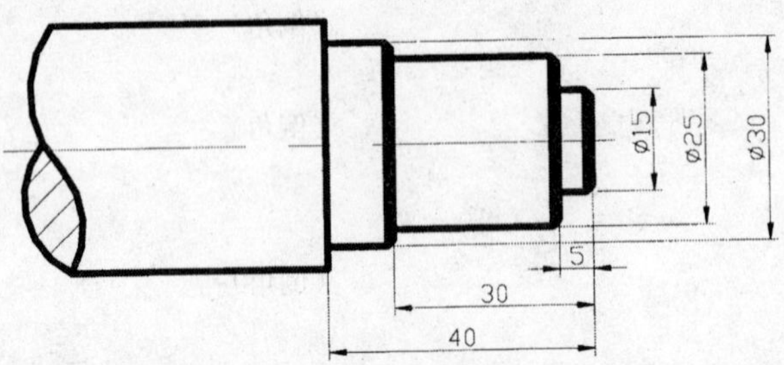

图 4-6

4.2 球面、圆弧面加工

4.2.1 目的与要求

（1）熟练掌握机床的面板按钮及基本操作。

（2）熟练掌握试切法对刀。

（3）掌握球面、圆弧面加工的技术要领及 R 半径的控制方法。

（4）熟练掌握零件装夹的操作方法。

（5）掌握球面、圆弧面的编程要点。

4.2.2 举例与示范

（1）对图 4-7 所示零件进行编程和实践操作。

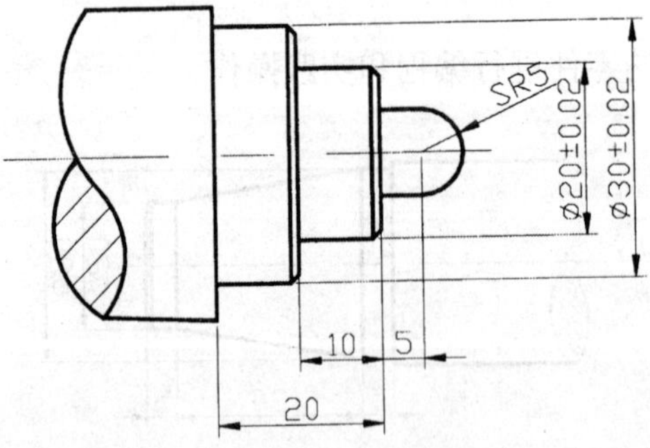

图 4-7

（2）程序示范：

华中 HNC-21T 系统

%　0001	（程序名）
N01 M42	
N10 M03 S600	（M03：主轴正转，S600：转速为 600 转\分）
N20 T0101	（1 号外圆刀准备，建立 01 号刀补）
N30 G00 X34 Z2	（快速定位）
N40 G71 U1 R0.5 P60 Q106 X0.5 Z0 F100	（G71：粗加工循环。U：X 半径方向进刀量 。R：X 半径方向退刀量 P：开始循环号，Q：结束循环号。X：X 直径精车余量。Z：Z 方向精车余量。F：粗加工进给量）
N50 M03 S1000 F50	（精加工参数）
N60 G00 X0 G42	
N70 G01 Z0	
N80 G03 X10 Z-5 R5	
N90 G01 Z-10	
N100 X20 C1	
N101 Z-20	
N102 X30 C1	
N103 Z-30	
N106 X33 G40	
N130 G00 X50 Z100	（快速定位于 X50，Z100，以使有足够的换刀空间，以免撞刀）
M05	
M30	

4.2.3　操作要领及注意事项

（1）在圆弧加工的时候加入 G42，G41，G40 等刀尖圆弧半径补偿指令，必须和 G00，G01 指令结合使用。

（2）零件可切断也可不切断根据实际情况确定。

（3）注意对刀步骤正确性。

（4）正确、规范操作数控机床。

（5）起刀点须远离工件安全的地方。

4.2.4 练习题

对图 4-8、4-9、4-10 所示零件进行编程并加工成实体（未注倒角为 C1，未注圆角为 R1）。

（1）

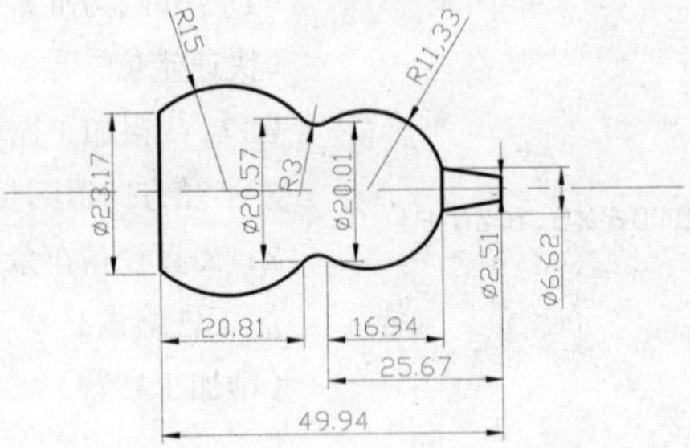

图 4-8

（2）

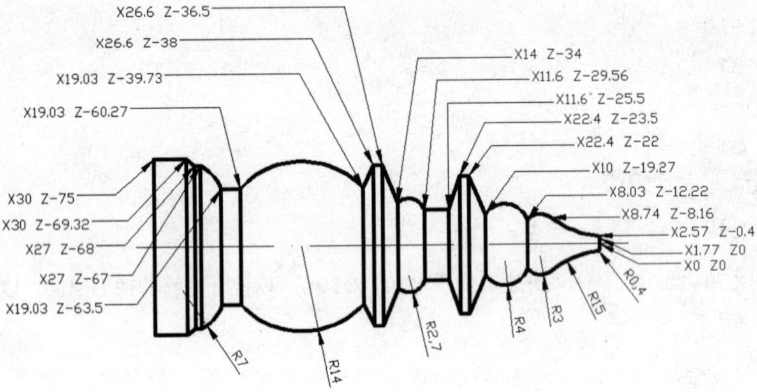

图 4-9

（3）

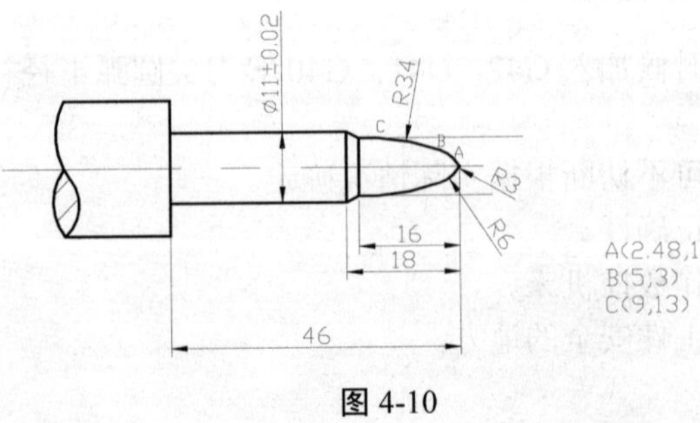

图 4-10

4.3　外螺纹加工

4.3.1　目的和要求

（1）通过零件的加工实践，熟练掌握外螺纹零件的操作方法。

（2）能正确使用螺纹刀对刀。

（3）正确使用螺纹环规测量工件，掌握使用方法。

（4）编写外螺纹加工程序。

4.3.2　举例与示范

（1）对图 4-11 所示零件进行编程和实践操作。

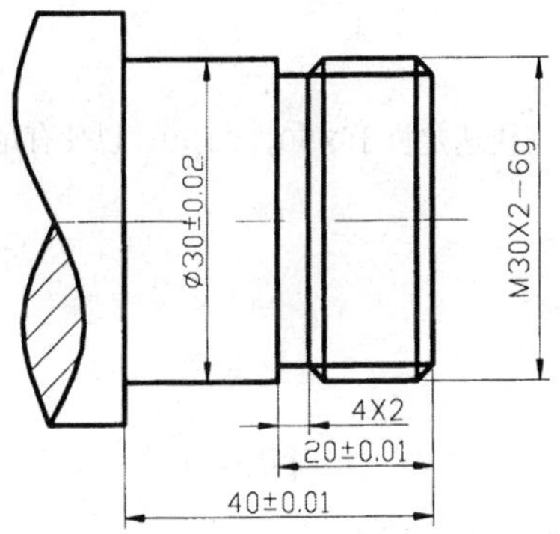

图 4-11

（2）工艺分析：

加工工序：

① 车端面。毛坯伸出三爪卡盘的卡爪面约 50 mm，校正，夹紧，用外圆端面车刀加工端面。并用试切法对外圆尖刀和外螺纹刀。

② 粗加工外轮廓。

G71 指令粗车 ø30 和 ø29.8 的外圆及 4×2 的退刀槽，留 0.5 mm 的精加工余量。精车外圆。精车 ø30 和 ø29.8 的外圆及 4×2 的退刀槽至零件图要求的尺寸。

③ 外螺纹刀对刀。

④ 外螺纹加工，长度为 17 mm。

⑤ 检验测量。

（3）程序示范：

① 外轮廓加工

华中 HNC-21T 系统

```
%    0001                                  (程序名)
N01  M42
N10 M03 S600                               (M03：主轴正转，S600：转速为 600 转\分)
N20 T0101                                  (1 号外圆刀准备，建立 01 号刀补)
N30 G00 X34 Z2                             (快速定位)
N40 G71 U1 R0.5 P60 Q106 X0.5 Z0 F100
N50 M03 S1000 F50                          (精加工参数)
N60 G00 X0 G42
N70 G01 Z0
N80 X30 C2
N90 Z-14
N100 X26 Z-16
N101 Z-20
N102 X30 C0.5
N103 Z-40
N106 X33 G40
N130 G00 X50 Z100      (快速定位于 X50，Z100，以使有足够的换刀空间，以免撞刀)
M05
M30
```

② 外螺纹加工

华中 HNC-21T 系统

```
%    0002                                  (程序名)
N01 M42
N10 M03 S300                               (M03：主轴正转，S300：转速为 300 转/分)
N20 T0303                                  (3 号外圆刀准备，建立 03 号刀补)
N30 G00 X34 Z2                             (快速定位)
N40 G82 X29.2 Z-16 F2                      (G82：外螺纹加工循环，F2：导程为 2 mm )
N50 X28.8 Z-16
N60 X28.4 Z-16
N70 X28.0 Z-16
N80 X27.8 Z-16
N90 X27.6 Z-16
N100 X27.4 Z-16
N101 X27.4 Z-16
N130 G00 X50 Z100                          (快速退刀)
M05
M30
```

4.3.3　操作要领及注意事项

（1）在外圆加工的时候注意螺纹的外圆要加工－0.2 mm，便于螺纹的配合。
（2）外螺纹的起刀点要大于螺纹大径。
（3）注意外螺纹刀对刀步骤的正确性。
（4）注意 F 在螺纹加工中的含义。
（5）相关参数如表 4-1 所示。

表 4-1

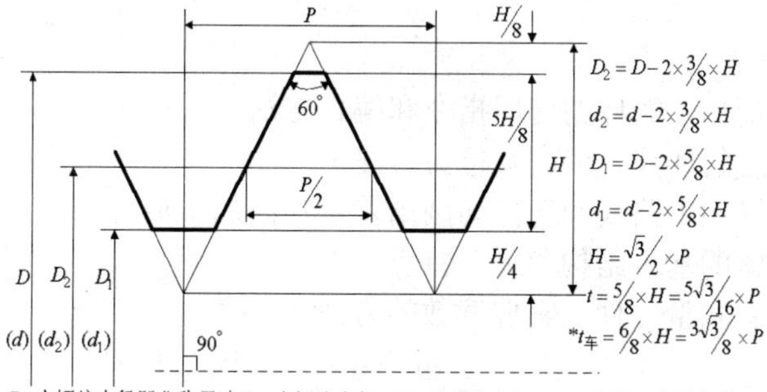

D–内螺纹大径即公称尺寸　D_1–内螺纹小径　D_2–内螺纹中径　H–原始三角形高度
d–外螺纹大径即公称尺寸　d_1–外螺纹小径　d_2–外螺纹中径　t–螺纹牙深

米制螺纹								
螺距		1．0	1.5	2	2.5	3	3.5	4
牙深(半径量)		0．649	0.974	1.299	1.624	1.949	2.273	2.598
切削次数及吃刀量（直径量）	1 次	0.7	0.8	0.9	1.0	1.2	1.5	1.5
	2 次	0.4	0.6	0.6	0.7	0.7	0.7	0.8
	3 次	0.2	0.4	0.6	0.6	0.6	0.6	0.6
	4 次		0.16	0.4	0.4	0.4	0.6	0.6
	5 次			0.1	0.4	0.4	0.4	0.4
	6 次				0.15	0.4	0.4	0.4
	7 次					0.2	0.2	0.4
	8 次						0.15	0.3
	9 次							0.2
英制螺纹								
牙/in		24	18	16	14	12	10	8
牙深(半径量)		0.678	0.904	1.016	1.162	1.355	1.626	2.033
切削次数及吃刀量（直径量）	1 次	0.8	0.8	0.8	0.8	0.9	1.0	1.2
	2 次	0.4	0.6	0.6	0.6	0.6	0.7	0.7
	3 次	0.16	0.3	0.5	0.5	0.6	0.6	0.6
	4 次		0.11	0.14	0.3	0.4	0.4	0.5
	5 次				0.13	0.21	0.4	0.5
	6 次						0.16	0.4
	7 次							0.17

4.3.4　练习题

加工如下尺寸的普通三角螺纹：
M30×1.5，M24×2，M24×1.5，M20×2，M20×1.5，M18×1.5。

第 5 章　数控车床中级工操作培训进阶

5.1　数控车工中级课题 1

5.1.1　目的和要求

（1）熟练掌握切削加工循环的使用指令和编程方法。

（2）熟练掌握锥度的计算、编程及检验方法。

（3）能够合理安排加工路线和选择切削用量，提高加工质量。

（4）了解数控车床的基本结构和加工特点。

（5）正确使用量具测量工件，掌握读数的方法。

5.1.2　举例与示范

（1）对图 5-1 所示工件进行编程和实践操作。

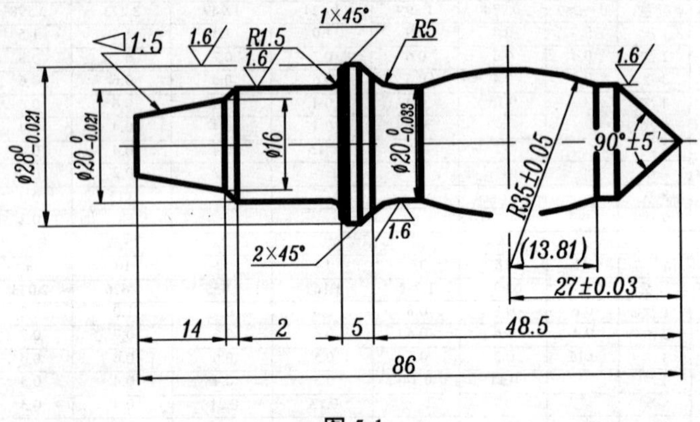

图 5-1

（2）工艺分析：

① 车端面。毛坯伸出三爪卡盘的卡爪面约 50mm，校正，夹紧，用外圆端面车刀加工端面。

② 粗车外圆。粗车 ø20 和 ø28 的外圆及 R1.5 的倒圆角，粗加工处留 0.5 mm 的精加工余量。精车外圆。精车 ø20 和 ø28 的外圆及 R1.5 的倒圆角至零件图要求的尺寸。

③ 工件换边安装。用软爪或护套铜皮等夹住 ø20 的外圆，校正，夹紧。

④ 车另一端面。保证零件总长尺寸 86。

⑤ 车外圆。车 ø20 的外圆和 R35 圆角。

（3）程序示范：

① 外轮廓加工（工序一）

华中 HNC-21T 系统

```
%  0001                                   （程序名）
N01 M42
N10 M03 S600                      （M03：主轴正转，S600：转速为 600 转/分）
N20 T0101                                 （1 号外圆刀准备，建立 01 号刀补）
N30 G00 X34 Z2                            （快速定位）
N40 G71 U1 R0.5 P60 Q106 X0.5 Z0 F100
N50 M03 S1000 F50                         （精加工参数）
N60 G00 X0 G42
N70 G01 Z0
N80 X13.2 C0.3
N90 X16Z-14
N100 X20 Z-16
N101 Z-32.5R1.5
N102 X28 C1
N103 Z-40
N106 X33 G40
N130 G00 X50 Z100        （快速定位于 X50，Z100，以使有足够的换刀空间，以免撞刀）
M05
M30
```

② 外轮廓加工（工序二）

华中 HNC-21T 系统

```
%  0002                                   （程序名）
N01 M42
N10 M03 S600                      （M03：主轴正转，S600：转速为 600 转 / 分）
N20 T0101                                 （1 号外圆刀准备，建立 01 号刀补）
N30 G00 X34 Z2                            （快速定位）
N40 G71 U1 R0.5 P60 Q106 X0.5 Z0 F100
N50 M03 S1000 F50                         （精加工参数）
```

```
N60 G00 X0 G42
N70 G01 Z0
N80 X20Z-10
N90 Z-13.19
N91G03X20Z-40.81R35
N100 G01Z-44.5
N101 G02X24Z-48.5R5
N102 G01X28Z-50.5
N106 X33 G40
N130 G00 X50 Z100        （快速定位于X50，Z100，以使有足够的换刀空间，以免撞刀）
M05
M30
```

5.1.3 操作要领及注意事项

（1）使用毛坯切削循环时轮廓不得出现干涉现象。

（2）若使用的外圆车刀刀尖半径 R 较大，当车圆弧和锥面时必须使用刀具的半径补偿指令。

（3）使用毛坯切削循环要特别注意第一刀的切削深度。

（4）会一些简单的节点计算。

5.1.4 练习题

对图 5-2～5-6 所示零件进行编程并加工成实体（未注倒角为 C1，未注圆角为 R1）。

（1）

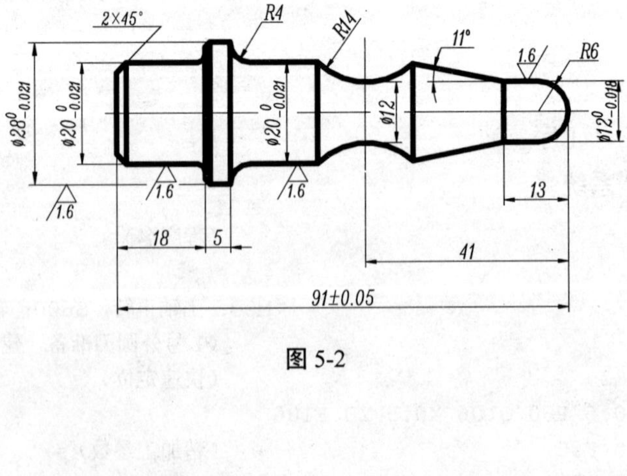

图 5-2

（2）

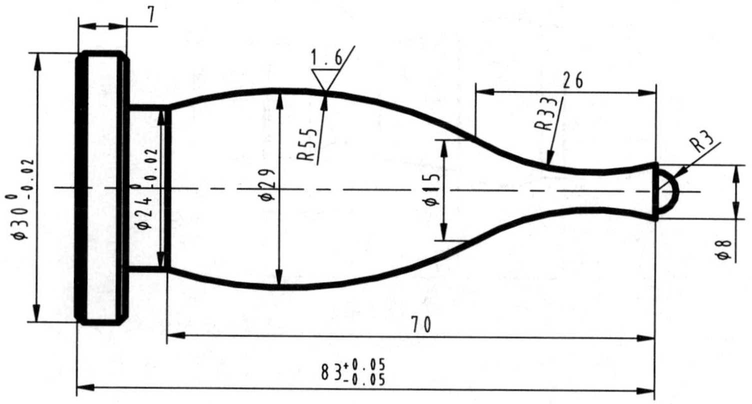

图 5-3

（3）

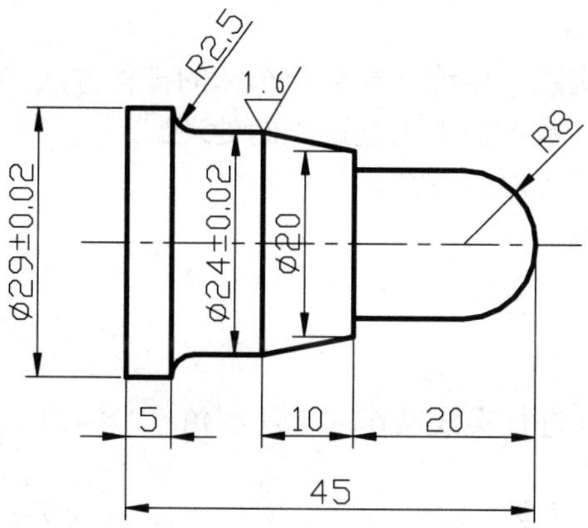

图 5-4

（4）

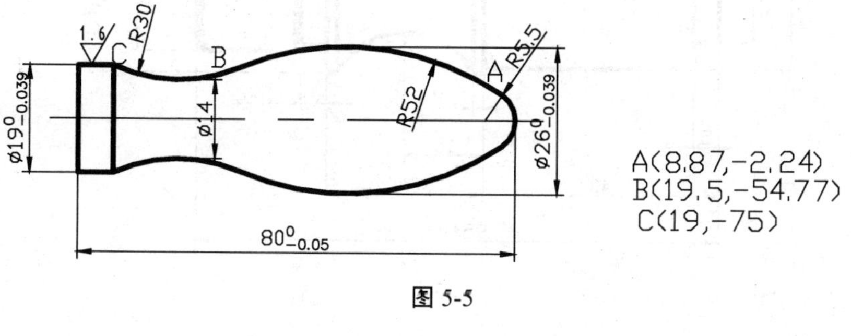

图 5-5

（5）

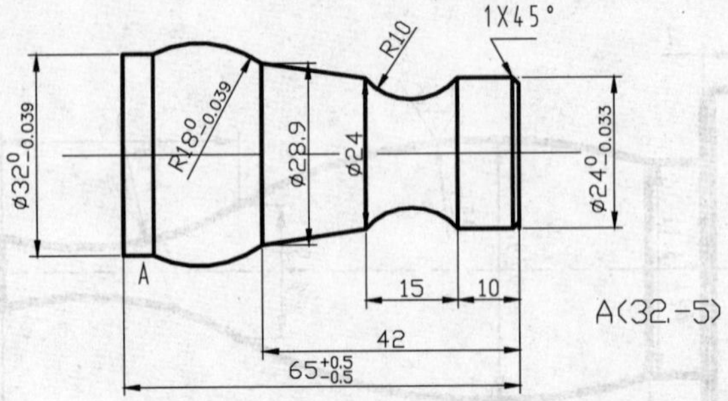

图 5-6

5.2 数控车工中级课题 2

5.2.1 目的和要求

（1）通过零件加工的实践，熟练掌握数控车床的操作方法。

（2）掌握车削过程中，数控加工工艺过程的处理。

（3）掌握手工编制加工程序的方法。

（4）遵守安全操作规程。

5.2.2 举例与示范

（1）对图 5-7 所示零件进行实践操作（未注倒角：2×45°）。

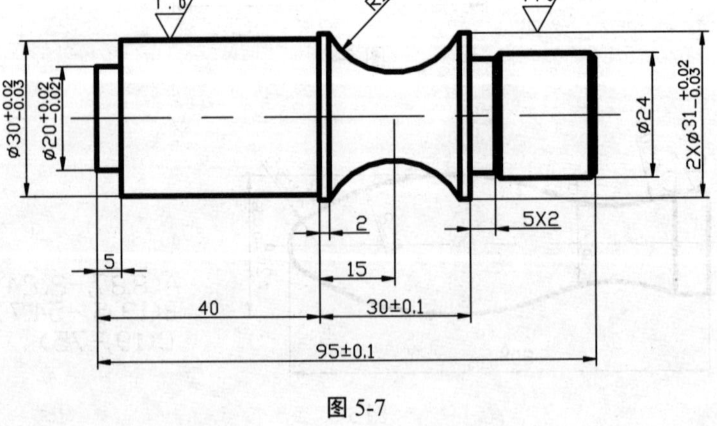

图 5-7

（2）工艺分析

加工工序：

① 加工左端。

毛坯伸出三爪卡盘的卡爪面约 50 mm，校正，夹紧，用外圆端面车刀加工端面。并进行试切法对外圆尖刀。

② 粗加工外轮廓。

G71 指令粗车 ø20、ø30 和 ø31 的外圆，留 0.5 mm 的精加工余量。精车外圆。精车 ø20、ø30 和 ø31 的外圆至零件图要求的尺寸。

③ 调头装夹保总长 95±0.1。

④ 粗加工外轮廓。

G71 指令粗车 ø24、ø20 和 ø31 的外圆及 5×2 的槽，留 0.5 mm 的精加工余量。精车外圆。精车 ø24、ø20 和 ø31 的外圆及 5×2 的槽至零件图要求的尺寸。

⑤ 检验测量。

（3）程序示范：

① 外轮廓加工（工序一）

华中 HNC-21T 系统

```
%     0001                           （程序名）
N01 M42
N10 M03 S600                         （M03：主轴正转，S600：转速为 600 转/分）
N20 T0101                            （1 号外圆刀准备，建立 01 号刀补）
N30 G00 X34 Z2                       （快速定位）
N40 G71 U1 R0.5 P60 Q106 X0.5 Z0 F100
N50 M03 S1000 F50                    （精加工参数）
N60 G00 X0 G42
N70 G01 Z0
N80 X20 C0.3
N90 Z-5
N100 X30C0.3
N101 Z-40
N102 X31 C0.3
N103 Z-45
N106 X33 G40
N130 G00 X50 Z100        （快速定位于 X50，Z100，以使有足够的换刀空间，以免撞刀）
M05
M30
```

② 外轮廓加工（工序二）

华中 HNC-21T 系统

```
%    0002                                          （程序名）
N01 M42
N10 M03 S600                                       （M03：主轴正转，S600：转速为 600 转\分）
N20 T0101                                          （1 号外圆刀准备，建立 01 号刀补）
N30 G00 X34 Z2                                     （快速定位）
N40 G71 U1 R0.5 P60 Q106 X0.5 Z0 F100
N50 M03 S1000 F50                                  （精加工参数）
N60 G00 X0 G42
N70 G01 Z0
N80 X24 C2                                         （倒角）
N90 Z-18
N100 X20Z-20
N101 Z-25
N102 X31 C0.3
N103 Z-27
N104 G02X31Z-53R15
N106 G01X33 G40
N130 G00 X50 Z100          （快速定位于 X50，Z100，以使有足够的换刀空间，以免撞刀）
M05
M30
```

5.2.3 操作要领及注意事项

（1）在外圆加工的时候注意试切法对刀的正确性。

（2）注意锐角倒钝。

（3）注意总长的控制。

5.2.4 练习题

对图 5-8、5-9、5-10 所示零件进行编程和实践操作（未注倒角为 C1，未注圆角为 R1）。

（1）

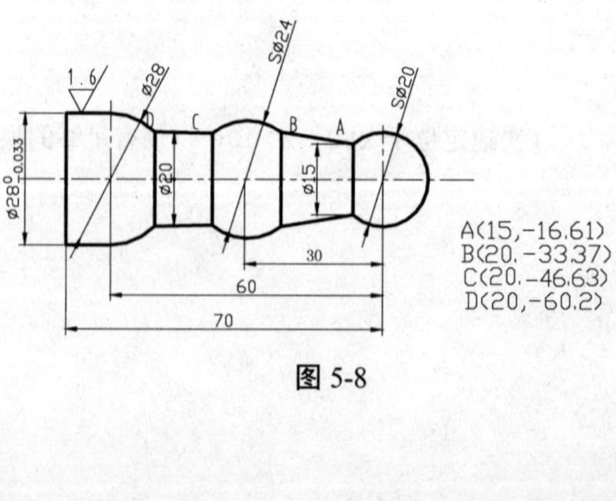

图 5-8

（2）

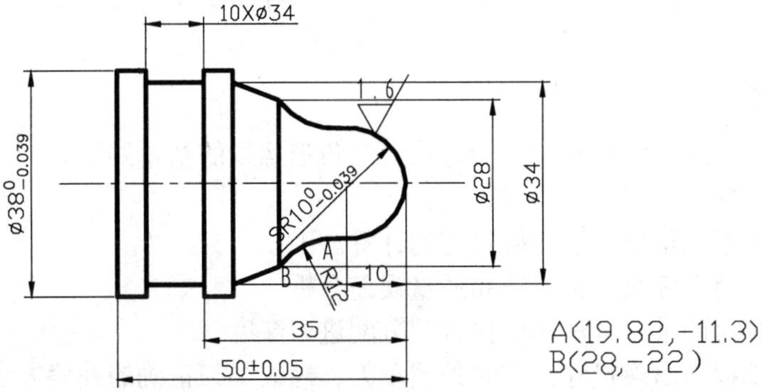

图 5-9

（3）

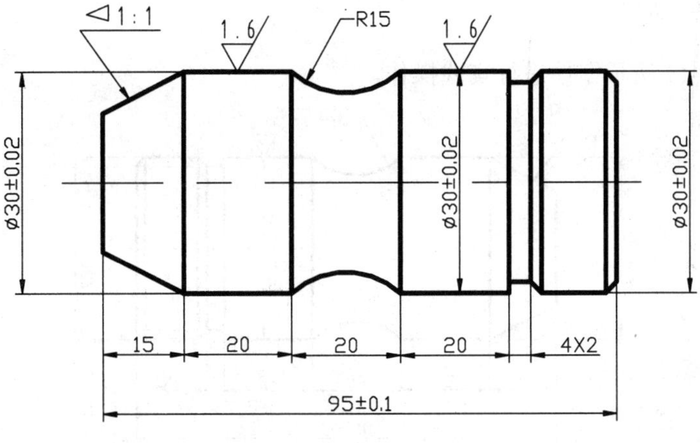

图 5-10

（4）

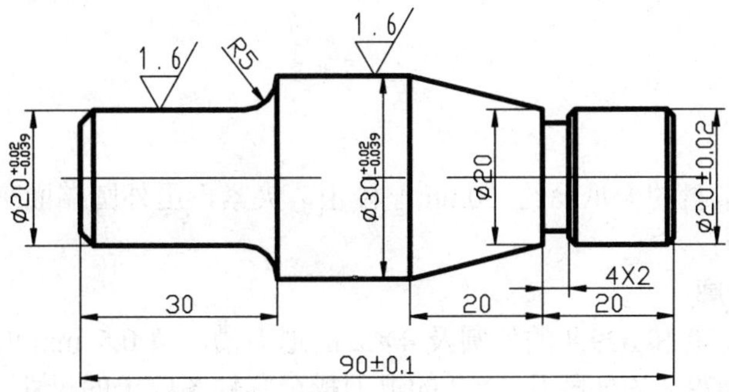

图 5-11

5.3 数控车工中级课题 3

5.3.1 目的和要求

（1）掌握螺纹车刀的正确安装和对刀方法、三角形螺纹的基本知识。
（2）掌握圆弧、螺纹车削时的编程方法。
（3）掌握车削普通三角形螺纹几何尺寸的计算。
（4）掌握普通三角形螺纹测量方法和质量误差分析。
（5）掌握车削螺纹的进刀方法和如何合理分配进刀深度。
（6）能够熟练掌握当出现尺寸误差时外圆车刀、螺纹车刀正确的补偿方法。
（7）熟练掌握锥度的计算、编程及加工检验方法。

5.3.2 举例与示范

（1）对图 5-12 所示零件进行实践操作。

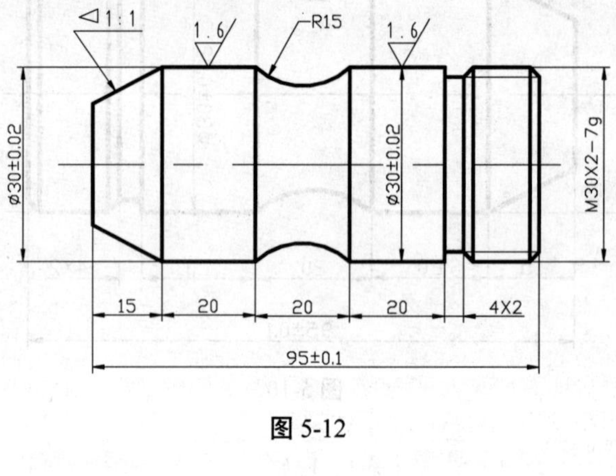

图 5-12

（2）工艺分析：

加工工序：

① 加工左端。

毛坯伸出三爪卡盘的卡爪面约 50mm，校正，夹紧，用外圆端面车刀加工端面。并进行试切法对外圆尖刀。

② 粗加工外轮廓。

G71 指令粗车 ø30 和 ø29.8 的外圆及 4×2 的退刀槽，留 0.5 mm 的精加工余量。精车外圆。精车 ø30 和 ø29.8 的外圆及 4×2 的退刀槽至零件图要求的尺寸。

③ 外螺纹刀对刀。

④ 外螺纹加工，长度为 17 mm。

⑤ 检验测量。

外螺纹加工参数值见表 4-1。

（3）程序示范：

① 外轮廓加工（工序一）

华中 HNC-21T 系统

```
%  0001                                    （程序名）
N01 M42
N10 M03 S600                               （M03：主轴正转，S600：转速为 600 转/分）
N20 T0101                                  （1 号外圆刀准备，建立 01 号刀补）
N30 G00 X34 Z2                             （快速定位）
N40 G71 U1 R0.5 P60 Q106 X0.5 Z0 F100
N50 M03 S1000 F50                          （精加工参数）
N60 G00 X0 G42
N70 G01 Z0
N80 X15
N90 X30Z-15
N100 Z-35
N101 G02Z-55R15
N102 G01Z-76
N106 X33 G40
N130 G00 X50 Z100          （快速定位于 X50，Z100，以使有足够的换刀空间，以免撞刀）
M05
M30
```

② 外轮廓加工(工序二)

华中 HNC-21T 系统

```
%   0002                                   （程序名）
N01 M42
N10 M03 S600                               （M03：主轴正转，S600：转速为 600 转/分）
N20 T0101                                  （1 号外圆刀准备，建立 01 号刀补）
N30 G00 X34 Z2                             （快速定位）
N40 G71 U1 R0.5 P60 Q106 X0.5 Z0 F100
N50 M03 S1000 F50                          （精加工参数）
N60 G00 X0 G42
N70 G01 Z0
N80 X29.8 C2
N90 Z-14
N100 X26 Z-16
N101 Z-20
```

```
N102 X30 Z-20.5
N106 X33 G40
N130 G00 X50 Z100              (快速定位于 X50，Z100，以使有足够的换刀空间，以免撞刀)
M05
M30
```

③ 外螺纹加工（工序三）

华中 HNC-21T 系统

```
%   0003                       (程序名)
N01 M42
N10 M03 S300                   (M03：主轴正转，S300：转速为 300 转/分)
N20 T0303                      (3 号外圆刀准备，建立 03 号刀补)
N30 G00 X34 Z2                 (快速定位)
N40 G82 X29.2 Z-16 F2          (G82：外螺纹加工循环，F2:导程为 2 mm。)
N50 X28.8 Z-16
N60 X28.4 Z-16
N70 X28.0 Z-16
N80 X27.8 Z-16
N90 X27.6 Z-16
N100 X27.4 Z-16
N101 X27.4 Z-16
N130 G00 X50 Z100              (快速退刀)
M05
M30
```

5.3.3 操作要领及注意事项

（1）在外圆加工的时候注意试切法对刀的正确性。

（2）加工换刀过程时，一定要防止刀具与工件产生碰撞，应适当退出一定的安全距离才换刀。

（3）注意总长的控制。

（4）加工螺纹时，外螺纹大径尺寸一定要取负偏差。

（5）安装螺纹车刀时，一定要用对刀样板，保证加工出的螺纹的牙型角不会歪。

5.3.4　练习题

对 5-13～5-22 所示零件进行编程并做成实体（未注倒角为 C1，未注圆角为 R1）。

（1）

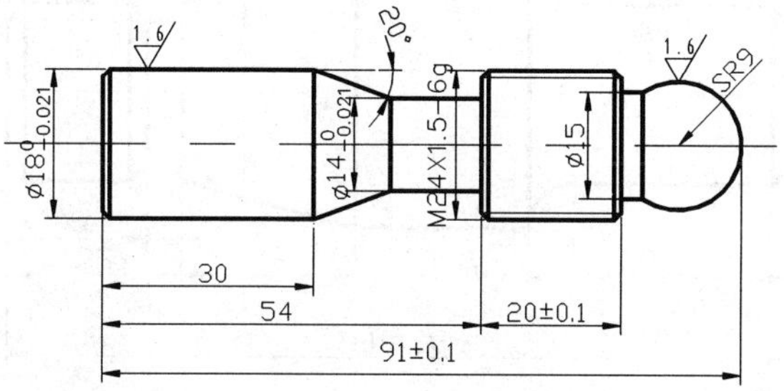

图 5-13

（2）

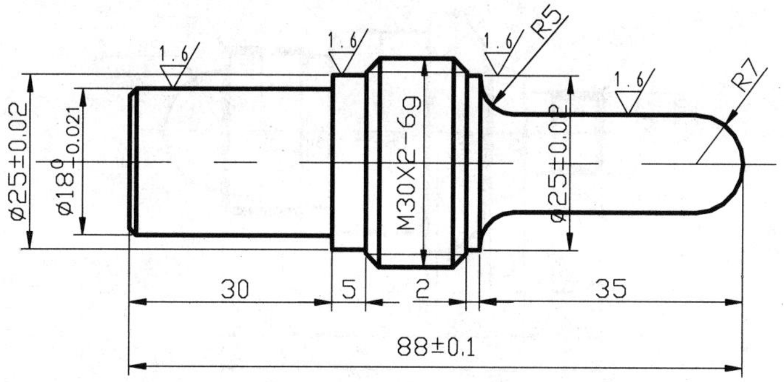

图 5-14

（3）

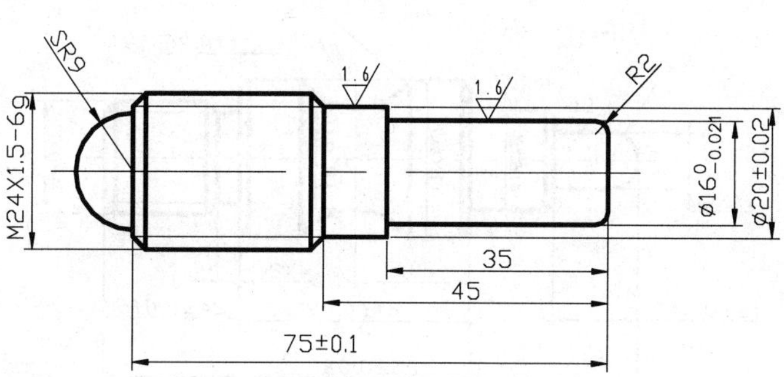

图 5-15

（4）

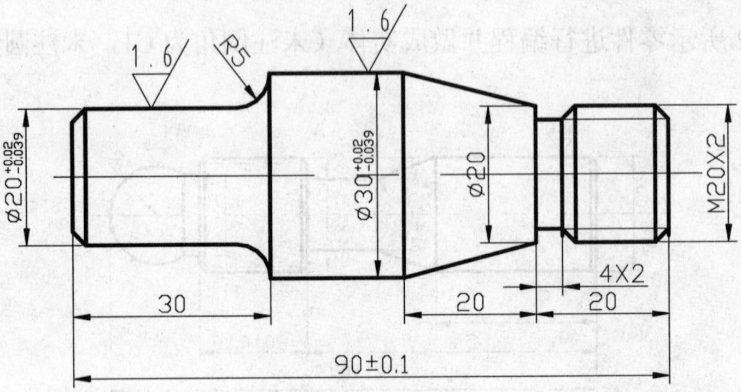

图 5-16

（5）

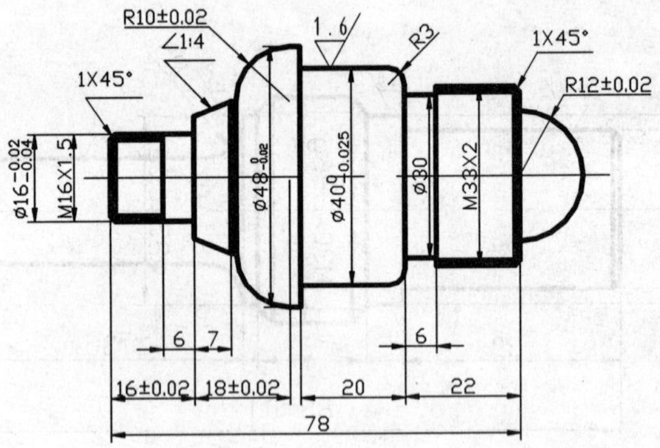

图 5-17

（6）

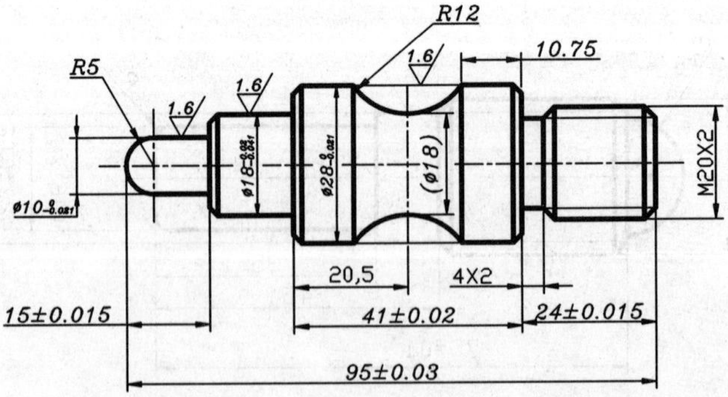

图 5-18

(7)

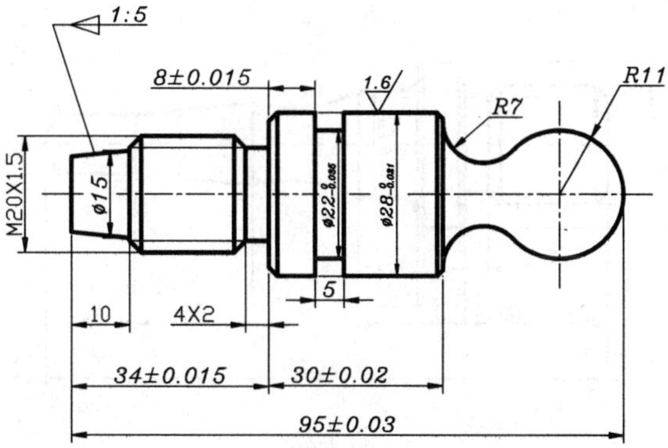

图 5-19

(8)

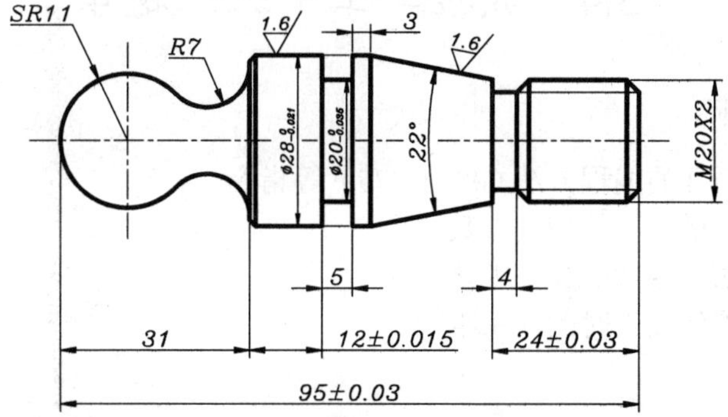

图 5-20

(9)

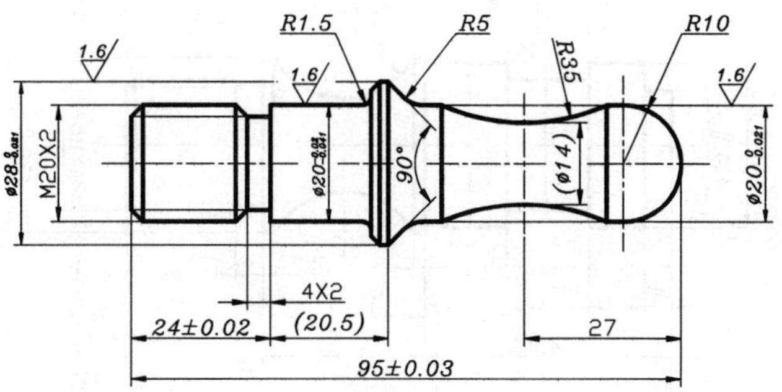

图 5-21

（10）

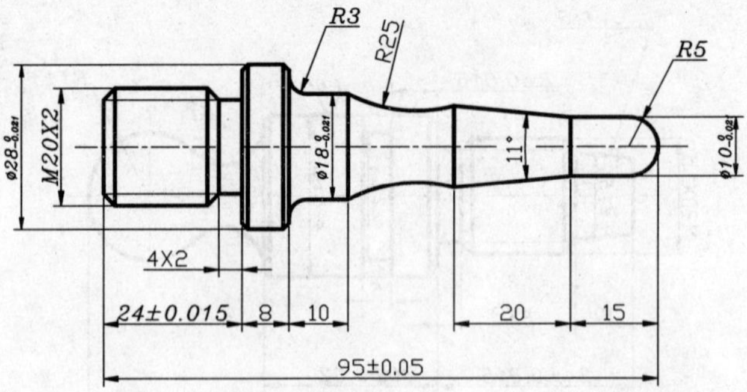

图 5-22

5.4 数控车工中级课题 4

5.4.1 目的和要求

（1）掌握凹槽循环的编程方法 G81（G75）等指令。

（2）合理选择凹槽加工的切削参数。

（3）合理安排槽类零件的加工工艺。

（4）熟悉槽类零件加工时的注意事项。

5.4.2 举例与示范

（1）对图 5-23 所示零件进行实践操作。

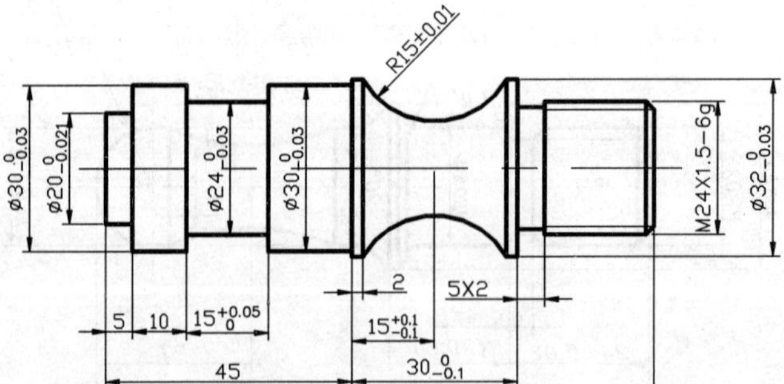

图 5-23

（2）工艺分析：

加工工序：

① 加工左端。毛坯伸出三爪卡盘的卡爪面约 50mm，校正，夹紧，用外圆端面车刀加工端面。并进行试切法对外圆尖刀。

② 粗加工外轮廓。G71 指令粗车 ø20、ø30 和 ø31 的外圆，留 0.5mm 的精加工余量。精车外圆。精车 ø20、ø30 和 ø32 的外圆至零件图要求的尺寸。

③ 凹槽加工，先给槽底尺寸留余量 0.5mm，保证槽宽 15mm。

④ 调头装夹保总长 95±0.1。

⑤ 粗加工外轮廓。G71 指令粗车 ø24、ø20 和 ø31 的外圆及 5×2 的槽，留 0.5mm 的精加工余量。精车外圆。精车 ø24、ø20 和 ø31 的外圆及 5×2 的槽至零件图要求的尺寸。

⑥ 加工螺纹 M24×－1.56g

⑦ 检验测量。

（3）程序示范：

① 外轮廓、凹槽加工（工序一）

华中 HNC-21T 系统

```
%                 0001                   （程序名）
N01 M42
N10 M03 S600                             （M03：主轴正转，S600：转速为 600 转/分）
N20 T0101                                （1 号外圆刀准备，建立 01 号刀补）
N30 G00 X34 Z2                           （快速定位）
N40 G71 U1 R0.5 P60 Q106 X0.5 Z0 F100
N50 M03 S1000 F50                        （精加工参数）
N60 G00 X0 G42
N70 G01 Z0
N80 X20 C0.3
N90 Z-5
N100 X30C0.3
N101 Z-40
N102 X32 C0.3
N103 Z-45
N106 X33 G40
N130 G00 X50 Z100           （快速定位于 X50，Z100，以使有足够的换刀空间，以免撞刀）
T0404                                    （切刀刀号槽 4，刀宽为 4 mm）
M03S300
G00X33Z-19
G81X24Z-19F30
X24Z-22                                  （向左移动 3mm，移动距离应小于刀宽）
X24Z-25
X24Z-28
X24Z-30
G00X50Z100
M05
M30
```

② 外轮廓加工（工序二）

华中 HNC-21T 系统

```
%          0002                                  (程序名)
N01 M42
N10 M03 S600                                   (M03：主轴正转，S600：转速为600转/分)
N20 T0101                                      (1号外圆刀准备，建立01号刀补)
N30 G00 X34 Z2                                 (快速定位)
N40 G71 U1 R0.5 P60 Q106 X0.5 Z0 F100
N50 M03 S1000 F50                              (精加工参数)
N60 G00 X0 G42
N70 G01 Z0
N80 X23.8 C2
N101 Z-25
N102 X32 C0.3
N103 Z-27
N104 G02X32Z-53R15
N106 G01X33 G40
N130 G00 X50 Z100          (快速定位于X50，Z100，以使有足够的换刀空间，以免撞刀)
T0404                                          (切刀刀号槽4，刀宽为4mm)
M03S300
G00X26Z5
Z-25
G01X20F30
X25F100
W1
G01X20F30
X25F100
G00 X50 Z100
M05
M30
```

③ 外轮廓加工（工序三）

华中 HNC-21T 系统

```
% 0003                                  (程序名)
N01 M42
N10 M03 S300                            (M03：主轴正转，S300：转速为300转/分)
N20 T0303                               (3号外圆刀准备，建立03号刀补)
```

```
N30 G00 X26 Z2                (快速定位)
N40 G82 X23.2 Z-21 F1.5       (G82：外螺纹加工循环，F1.5:导程为1.5 mm。)
N50 X22.8 Z-21
N60 X22.6 Z-21
N70 X22.4 Z-21
N80 X22.3 Z-21
N90 X22.2 Z-21
N100 X22.1Z-21
N101 X22.04 Z-21
N102 X22.04 Z-21
N130 G00 X50 Z100             (快速退刀)
M05
M30
```

5.4.3 操作要领及注意事项

（1）用凹槽循环加工凹槽时，注意对刀点和凹槽起点坐标的关系。

（2）零件调头装夹，注意工件伸出长短并准确地进行工件坐标的偏移。

（3）批量生产时尽可能用成型刀提高加工效率。

（4）加工时，要根据加工状况适时调整进给修调开关，选择合理的切削参数。

（5）熟练掌握切槽刀的对刀方法。

（6）切槽加工时，要注意循环起点坐标的位置。基本上可分为由左至右加工和由右至左加工两种方法。在采用由左至右的加工方法时，刀具先移动到切槽部位的左端，切刀向右排刀到终点后要注意切槽右坐标位置要加上刀具宽度。如上例，刀具先移动至 X33 Z-19 点，那么在向右切削时只能加工到 X33 Z-30 的位置。而不是 Z-15。也就是说切槽右端点 Z-15 要加上一个刀具宽度。同理，由右至左加工时起点的位置要加上一个刀具宽度。

注意：1. 华中世纪星系统没有固定的切槽循环指令。本例利用端面循环程序完成切槽加工，可满足切槽的需要。除此之外，本例中还利用 G01 指令进行单段切槽加工。

2. 端面循环指令格式：G81 X__Z__F__（X、Z：终点坐标，F：进给量）。

5.4.4 练习题

对图 5-24~5-32 所示零件进行编程并加成实体（未注倒角为 C1，未注圆角为 R1）。

（1）

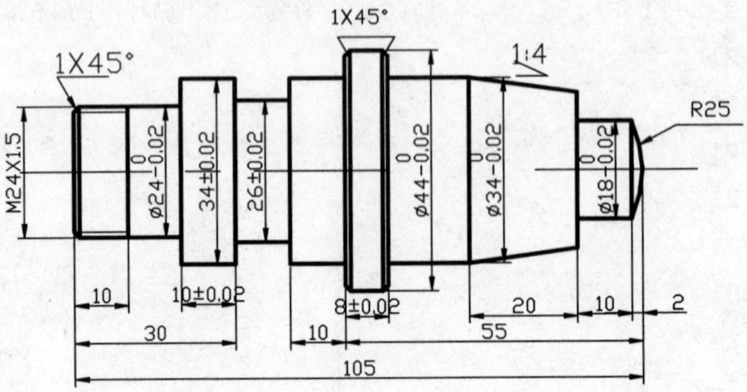

图 5-24

（2）

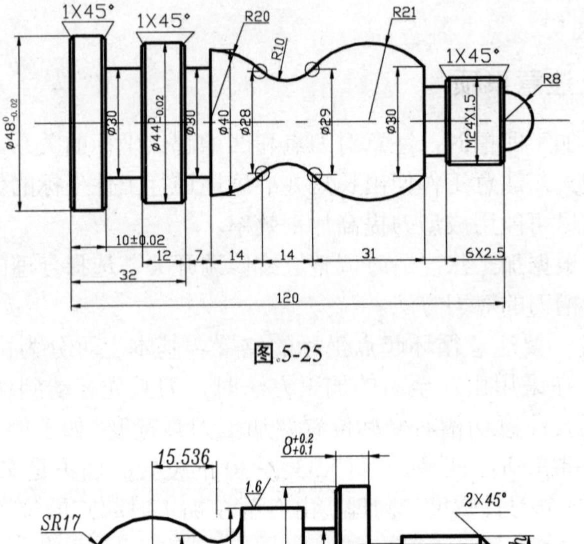

图 5-25

（3）

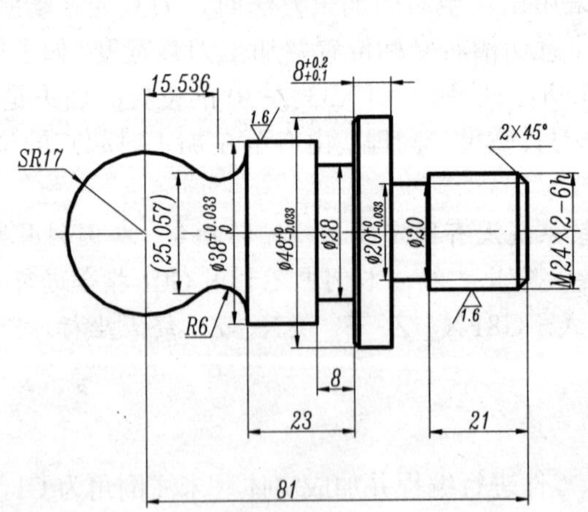

图 5-26

（4）

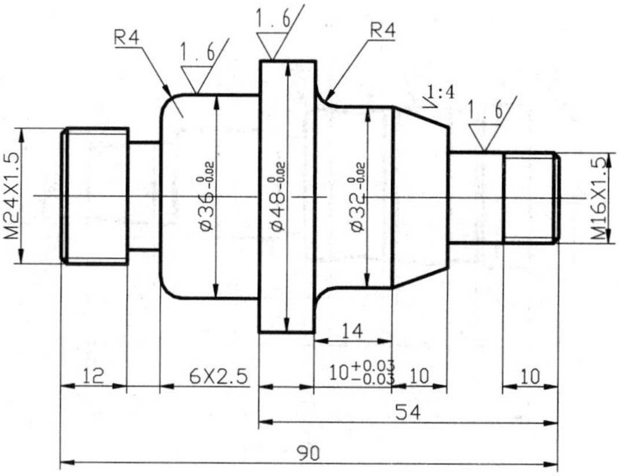

图 5-27

（5）

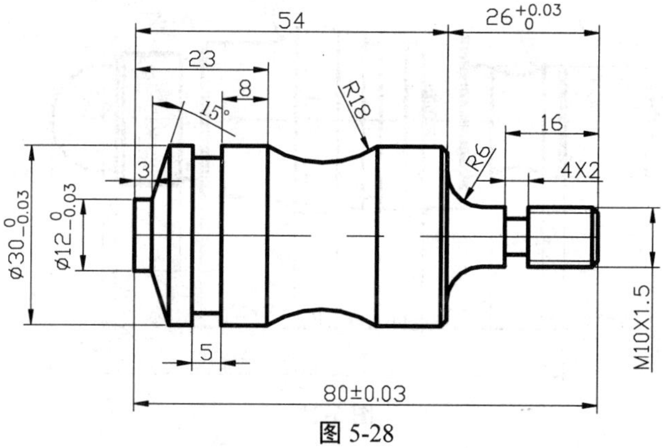

图 5-28

（6）

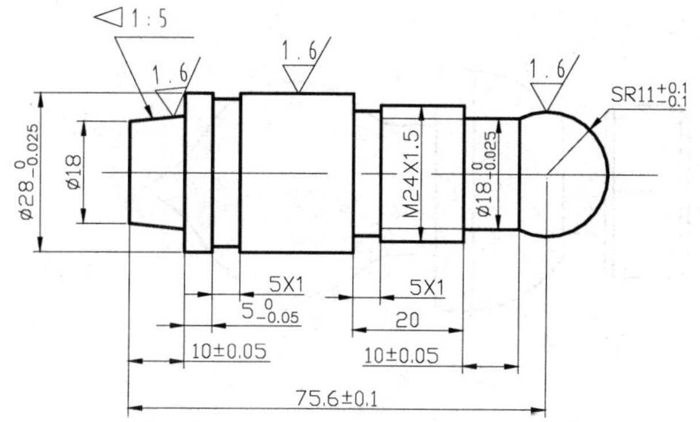

图 5-29

（7）

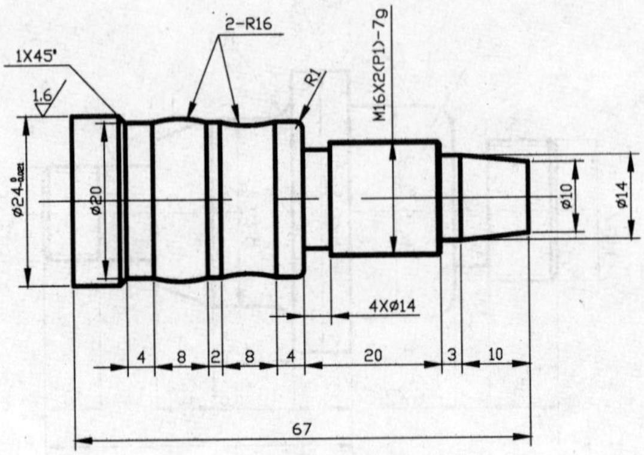

图 5-30

（8）

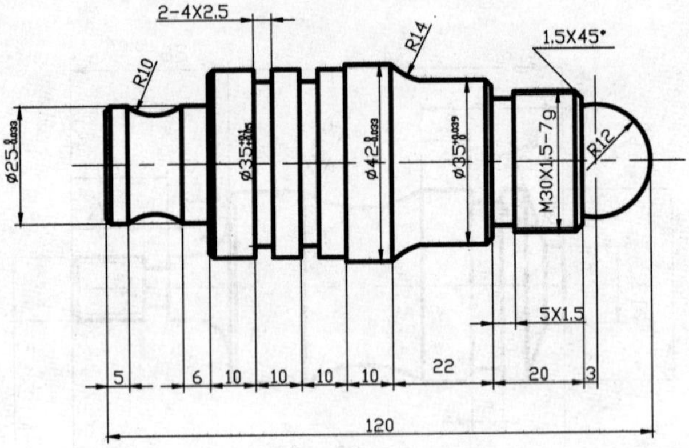

图 5-31

（9）

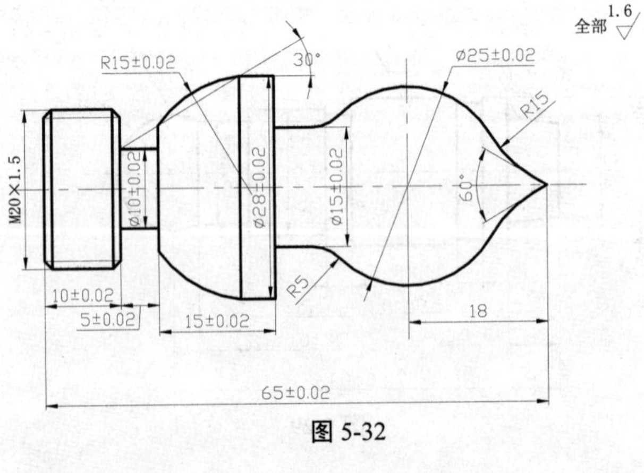

图 5-32

5.5　数控车工中级课题 5

5.5.1　目的和要求

（1）掌握轴类零件的工艺制定和编程方法。

（2）能够根据零件的批量合理安排加工方法和测量方法来保证零件的形位公差。

（3）掌握镗刀的对刀方法、镗孔程序的编制和加工方法，并能够合理地选择切削用量。

（4）掌握镗刀类零件的加工工艺方法。

5.5.2　举例与示范

（1）对图 5-33 所示零件进行实践操作。

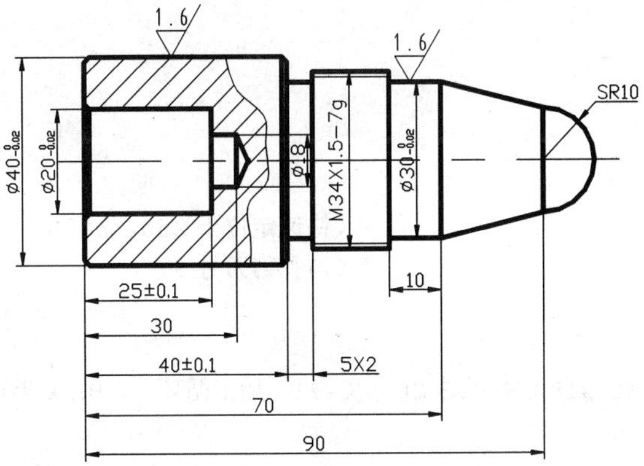

图 5-33

（2）工艺分析：

加工工序：

① 加工左端。毛坯伸出三爪卡盘的卡爪面约 50 mm，校正，夹紧，用外圆端面车刀加工端面。并用试切法对外圆尖刀。

② 粗加工外轮廓。G71 指令粗车 ø40 外圆，留 0.5 mm 的精加工余量。精车外圆。

③ 粗加工内轮廓。G71 指令粗车 ø20 内孔，留 0.3 mm 的精加工余量。精车内孔。此时需注意粗加工内孔时的余量的方向，内孔为负。

④ 调头装夹保总长 100。

⑤ 粗加工外轮廓。G71 指令粗车 SR10、ø30 和 ø33.8 的外圆，留 0.5 mm 的精加工余量。精车外圆。精车 SR10、ø30 和 ø33.8 的外圆至零件图要求的尺寸。

⑥ 5×2 凹槽加工，先给槽底尺寸 ø29 mm，保证槽宽 5 mm。
⑦ 加工螺纹 M34×1.5－7g
⑧ 检验测量。
(3) 程序示范：
① 外轮廓、凹槽加工（工序一）

华中 HNC-21T 系统

```
%   0001                                  (程序名)
N01 M42
N10 M03 S600                              (M03：主轴正转，S600：转速为 600 转/分)
N20 T0101                                 (1 号外圆刀准备，建立 01 号刀补)
N30 G00 X34 Z2                            (快速定位)
N40 G71 U1 R0.5 P60 Q106 X0.5 Z0
N50 M03 S1000 F50                         (精加工参数)
N60 G00 X0 G42
N70 G01 Z0
N80 X40 C1
N103 Z-45
N106 X33 G40
N130 G00 X50 Z200                         (快速定位于 X50，Z200，以使有足够的换刀空间，
T0303                                     (内孔刀刀号 3)
M03S300
G00X18Z5
G71 U0.5 R0.3 P140 Q180 X-0.3 Z0          (G71：加工循环  。U：X 半径方向进刀量  。R：X 半
M03 S1000 F30
N140G00X22G41
N150G01Z0
N160X20Z-1
N170Z-25
N180X18G40
G00Z100
M05
M30
```

② 外轮廓加工（工序二）

华中 HNC-21T 系统

```
% 0002                                    (程序名)
N01 M42
```

```
N10 M03 S600                          (M03：主轴正转，S600：转速为 600 转/分)
N20 T0101                             (1 号外圆刀准备，建立 01 号刀补)
N30 G00 X34 Z2                        (快速定位)
N40 G71 U1 R0.5 P60 Q106 X0.5 Z0 F100 (G71：粗加工循环。U：X 半径方向进刀量。R：X 半径方向退刀量 P：开始循环号，Q：结束循环号。X：X 直径精车余量。Z：Z 方向精车余量。F：粗加工进给量)
N50 M03 S1000 F50                     (精加工参数)
N60 G00 X0 G42
N70 G01 Z0
N80 G03X20Z-10R10
N101 G01X30Z-30
N102 Z-40
N103 X33.8C1
N104 Z-60
N106 G01X33 G40
N130 G00 X50 Z100    (快速定位于 X50，Z100，以使有足够的换刀空间，以免撞刀)
T0404                                 (切刀刀号槽 4，刀宽为 4 mm)
M03S300
G00X42Z5
Z-60
G01X30F30
X35F100
W1
G01X30F30
X35F100
G00 X50 Z100
M05
M30
```

③ 外轮廓加工（工序三）

华中 HNC-21T 系统

```
%      0003                  (程序名)
N01 M42
N10 M03 S300                 (M03：主轴正转，S300：转速为 300 转/分)
N20 T0303                    (3 号外圆刀准备，建立 03 号刀补)
N30 G00 X36 Z2               (快速定位)
N40 G82 X33.2 Z-16 F1.5      (G82：外螺纹加工循环，F1.5：导程为 1.5 mm。)
N50 X32.8 Z-16
```

```
N60 X32.6 Z-16
N70 X32.4 Z-16
N80 X32.3 Z-16
N90 X32.2 Z-16
N100 X32.1Z-16
N101 X32.04 Z-16
N102 X32.04 Z-16
N130 G00 X50 Z100                (快速退刀)
M05
M30
```

5.5.3 操作要领及注意事项

（1）镗孔刀对刀时其加工是内孔直径，则 X 偏置值应输入为内孔直径值，这时测量的准确度要把握好。

（2）镗孔刀安装时刀尖要稍微高于中心。

（3）若生产零件批量较大时，则可以先加工内孔，然后用两端的方式加工外圆。

（4）镗孔时若因刀杆刚性不足形成内孔带有锥度，可在精车编程时进行反向尺寸的补偿。安装镗孔刀时刀尖要高于旋转中心。

5.5.4 练习题

对图 5-34～5-40 所示零件进行编程并做出实体（未注倒角为 C1，未注圆角为 R1）。

（1）

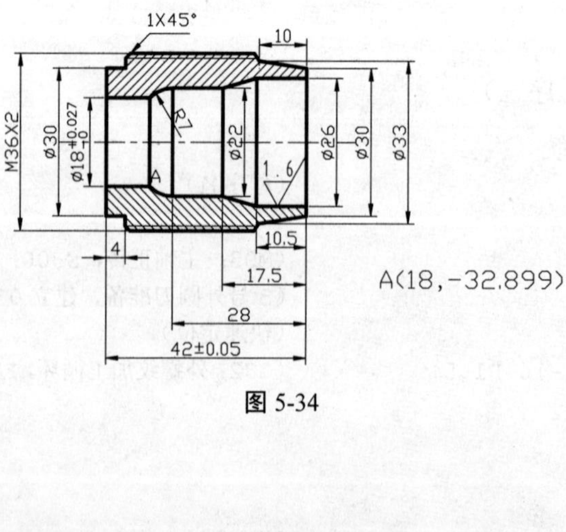

图 5-34

（2）

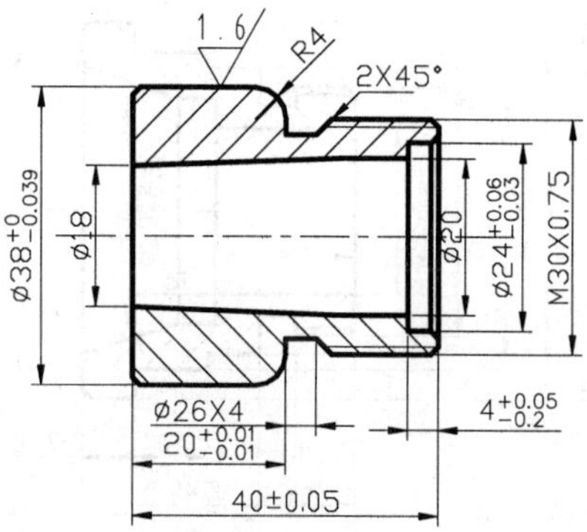

图 5-35

（3）

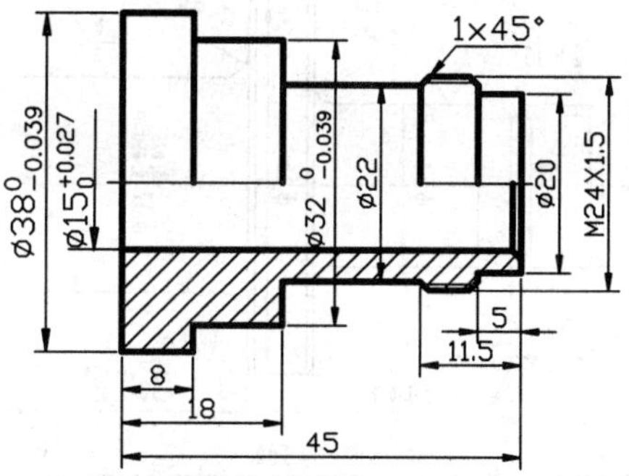

图 5-36

（4）

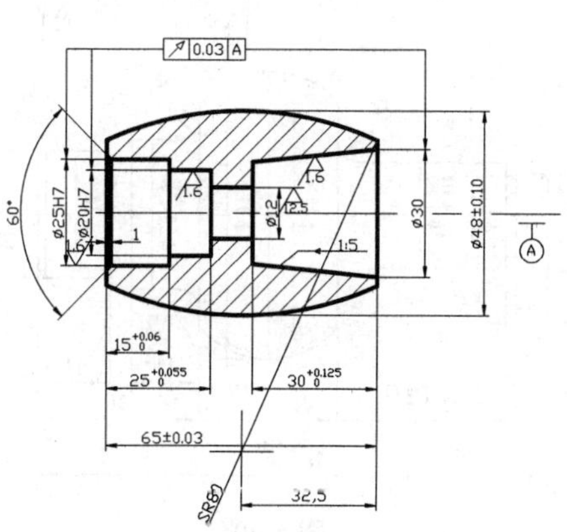

图 5-37

（5）

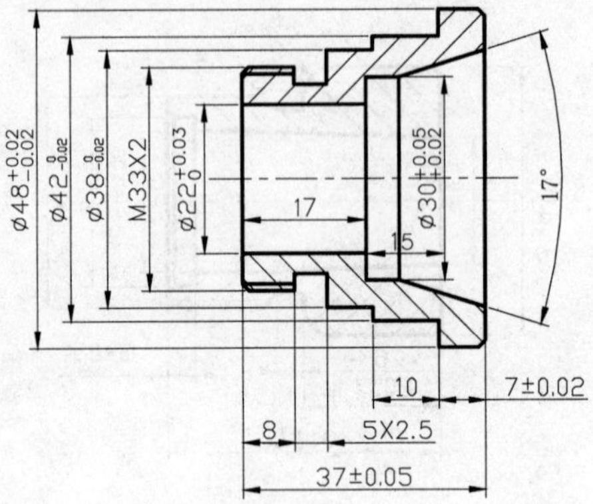

图 5-38

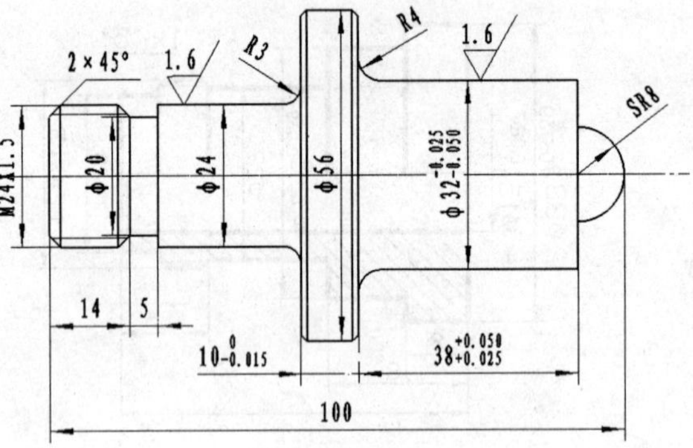

图 5-39

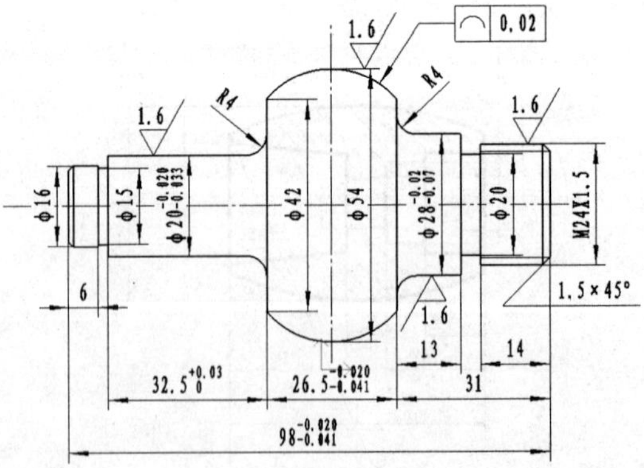

图 5-40

第 6 章　数控车床高级工进阶训练

6.1　数控车工高级课题 1

6.1.1　目的和要求

（1）根据零件图合理编制复杂零件的单件加工工艺。
（2）能对各类零件质量进行分析。
（3）合理选择刀具，量具并能够正确使用。
（4）能够合理地选择切削用量。
（5）熟悉掌握内、外锥零件的加工方法。
（6）能熟练地编制复杂零件的加工程序。
（7）掌握保证零件尺寸精度及形位精度的方法。

6.1.2　举例与示范

（1）对图 6-1 所示零件进行实践操作。

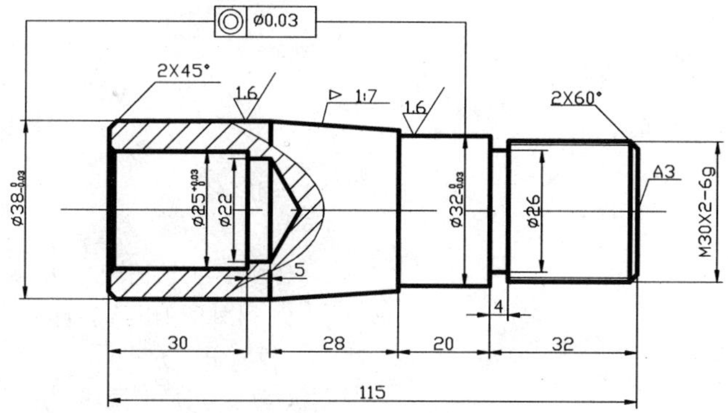

图 6-1

（2）工艺分析：
分析该零件的加工工艺可知，加工方案有两种比较可行。方案一：是先加工左端 ø38

外圆及内孔 ø25。后加工右端螺纹、外圆及锥面。方案二：是先加工右端螺纹、外圆及锥面。后加工左端的孔和 ø38 外圆。方案一的缺点是加工右端时，悬伸偏长，容易产生零件加工钢性不足。方案二可以避免方案一中存在的问题，但是在第二序时，夹 ø32 处一定要加铜皮等，避免夹伤外圆。

加工工序（方案二）：

① 加工零件右端。

毛坯伸出三爪卡盘的卡爪面约 90 mm，校正，夹紧，用外圆端面车刀加工端面。并用试切法对外圆尖刀、螺纹刀、切槽刀等。

② 粗加工外轮廓。

用 G71 指令粗车 ø32 外圆及右端螺纹外径和锥面，留 0.5 mm 的精加工余量。精加工外轮廓。

③ 用切槽刀切槽，宽为 4 mm 至尺寸 ø26 mm

④ 螺纹刀加工螺纹 M30×2-6g 至要求尺寸，用环规检测。

⑤ 调头装夹保总长 115 mm。

⑥ 外轮廓加工。

G71 指令粗车 ø38 的外圆，留 0.5 mm 的精加工余量。精车至零件图要求的尺寸。

⑦ 麻花钻钻底孔，尺寸为：ø22 深 35 mm。

⑧ 内轮廓加工。

用 G71 指令粗车 ø25 内孔，留-0.3 mm 的精加工余量。精车内孔。此时需注意粗加工内孔时的余量的方向。

⑨ 检验测量。

（3）程序示范：

① 右端外轮廓加工（工序一）

华中 HNC-21T 系统

% 0001	（程序名）
N01 M42	
N10 M03 S600	（M03：主轴正转，S600：转速为 600 转/分）
N20 T0101	（1 号外圆刀准备，建立 01 号刀补）
N30 G00 X44 Z2	（快速定位）
N40 G71 U1 R0.5 P60 Q106 X0.5 Z0 F100	（G71：粗加工循环。U：X 半径方向进刀量。R：X 半径方向退刀量 P：开始循环号，Q：结束循环号。X：X 直径精车余量。Z：Z 方向精车余量。F：粗加工进给量）
N50 M03 S1000 F50	（精加工参数）
N60 G00 X0 G42	

```
N70 G01 Z0
N80 X29.8C2
N101 Z-32
N102 X32C0.3
N103 Z-52
N104 X34
N105 X38Z-80
N106 G01X44 G40
N130 G00 X50 Z100        （快速定位于 X50，Z100，以使有足够的换刀空间，以免撞刀）
T0404                    （切刀刀号槽 4，刀宽为 4 mm）
M03S300
G00X32Z5
Z-32
G01X26F30
X35F100
G01X30F30
X35F100
G00 X50 Z100
M03 S300                 （M03：主轴正转，S300：转速为 300 转/分）
T0303                    （3 号螺纹刀准备，建立 03 号刀补）
G00 X36 Z2               （快速定位）
N40 G82 X29.2 Z-29 F2    （G82：外螺纹加工循环，F2:导程为 2 mm。）
N50 X28.8 Z-29
N60 X28.4 Z-29
N70 X28.0 Z-29
N80 X27.8 Z-29
N90 X27.6 Z-29
N100 X27.4 Z-29
N101 X27.4 Z-29
N130 G00 X50 Z100        （快速退刀）
M05
M30
```

② 外轮廓加工（工序二）

华中 HNC-21T 系统

```
%  0002                  （程序名）
N01 M42
N10 M03 S600             （M03：主轴正转，S600：转速为 600 转/分）
N20 T0101                （1 号外圆刀准备，建立 01 号刀补）
N30 G00 X44 Z2           （快速定位）
```

```
N40 G71 U1 R0.5 P60 Q106 X0.5 Z0 F100
N50 M03 S1000 F50                          (精加工参数)
N60 G00 X0 G42
N70 G01 Z0
N80 X40 C2
N103 Z-40
N106 X44 G40
N130 G00 X50 Z200                          (快速定位于X50，Z200，以使有足够的换刀空间，以免撞刀)
T0303                                      (内孔刀刀号3)
M03S300
G00X22Z5
G71 U0.5 R0.3 P140 Q180 X-0.3 Z0 F70       (G71：加工循环。U：X半径方向进刀量。R：X半径方向退刀量P：开始循环号，Q：结束循环号。X：X直径精车余量。Z：Z方向精车余量。F：粗加工进给量)
M03 S1000 F30
N140G00X27G41
N150G01Z0
N160X25Z-1
N170Z-30
N180X22G40
G00Z100
M05
M30
```

6.1.3 操作要领及注意事项

（1）加工前应选择好零件的加工工艺，对不同的加工方案的选择，加工工艺完全不一样。

（2）注意外螺纹刀、外圆刀及内镗孔刀的安装及对刀，熟练掌握这些刀具的安装及对刀的重点。

（3）以上所分析的工艺思路是针对单件小批量的加工，对成批生产时的加工工艺是要重新考虑的。

（4）镗孔时要注意刀具的退刀方向，方向出错的话会损坏零件及机床。特别要注意加工操作过程中的安全。

6.1.4 练习题

对图6-2～6-5所示零件进行编程并加工成实体零件(未注倒角为C1，未注圆角为R1)。

（1）

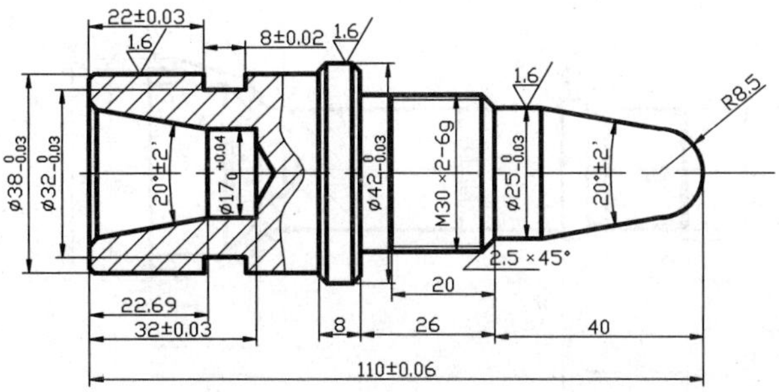

图 6-2

（2）

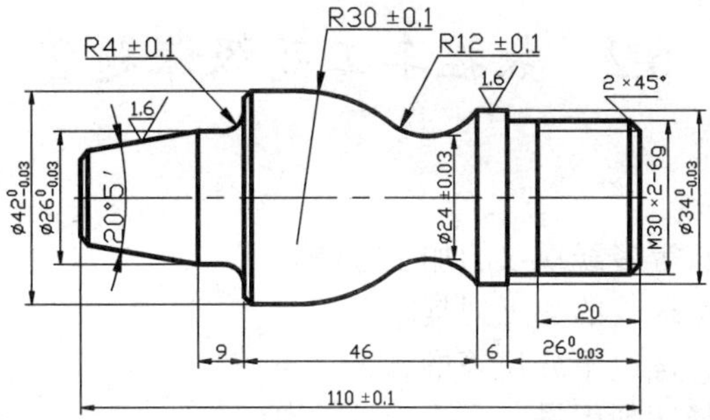

图 6-3

（3）

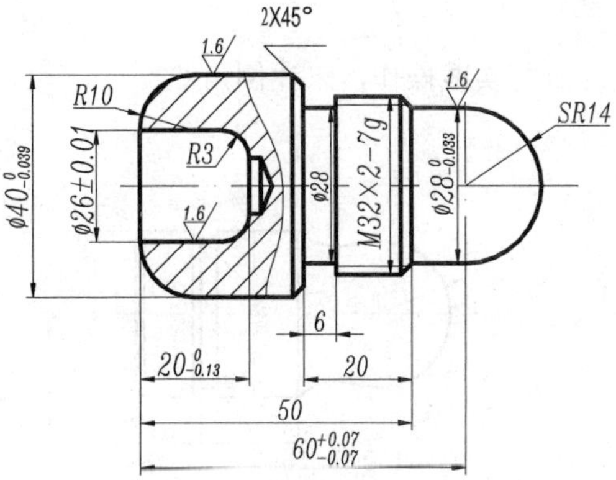

图 6-4

（4）

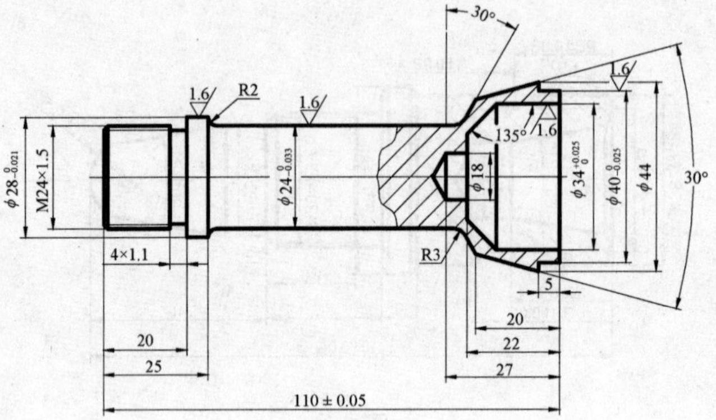

图 6-5

6.2 数控车工高级课题 2

6.2.1 目的和要求

（1）能熟练掌握双头等多线螺纹的加工方法。

（2）能合理选择双头螺纹的加工刀具。

（3）能够正确使用外螺纹千分尺等量具。

（4）能够合理地选择切削用量。

（5）能对各类零件质量进行分析。

6.2.2 举例与示范

（1）对图 6-6 所示零件进行实践操作，未注倒角 C2。

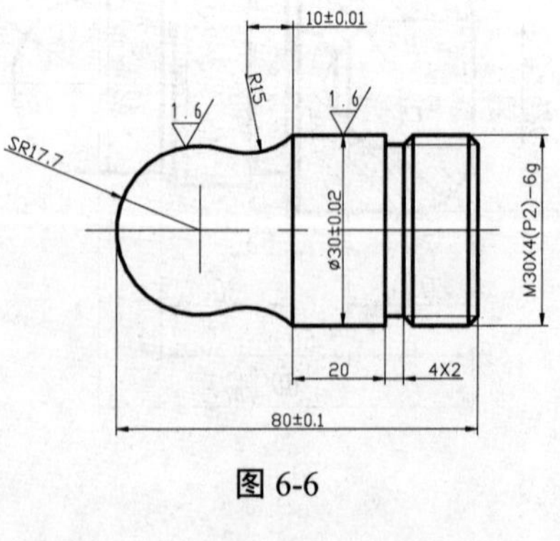

图 6-6

（2）工艺分析：

双头螺纹加工时，注意螺纹循环的起刀点不能太靠近零件，应留有一定的距离。

（3）程序示范：

① 外螺纹加工

华中 HNC-21T 系统

```
%  0002                               （程序名）
N01 M42
N10 M03 S300                          （M03：主轴正转，S300：转速为 300 转/分）
N20 T0303                             （3 号外圆刀准备，建立 03 号刀补）
N30 G00 X34 Z2                        （快速定位）
N40 G82 X29.2 Z-16 C2 P180 F4         （G82：外螺纹加工循环，F4：导程为 4 mm，C2：双头
                                      螺纹，P180：第二条螺旋线的起点为 180°的地方。）
N50 X28.8 Z-16
N60 X28.4 Z-16
N70 X28.0 Z-16
N80 X27.8 Z-16
N90 X27.6 Z-16
N100 X27.4 Z-16
N101 X27.4 Z-16
N130 G00 X50 Z100                     （快速退刀）
M05
M30
```

6.2.3　操作要领及注意事项

（1）在外圆加工的时候注意螺纹的外圆要加工-0.2 mm，便于螺纹的配合。

（2）注意外螺纹刀起刀点位置，以避免乱牙及刀具干涉。

（3）注意 F、C、P 等指令在多线螺纹加工中的含义。

6.2.4　练习题

对图 6-7～6-11 所示零件进行编程并加工成实体零件（未注倒角为 C1，未注圆角为 R1）。

（1）

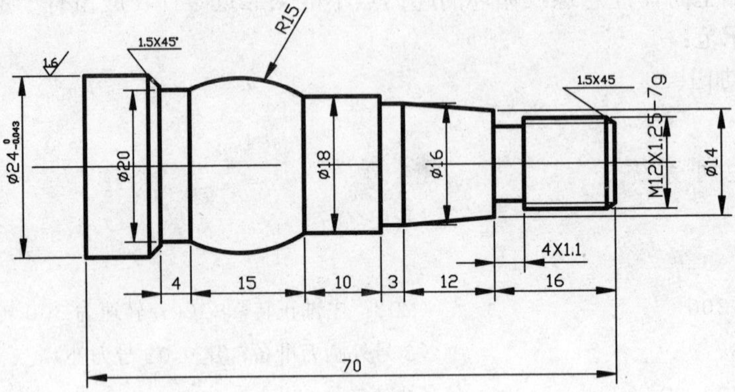

图 6-7

（2）

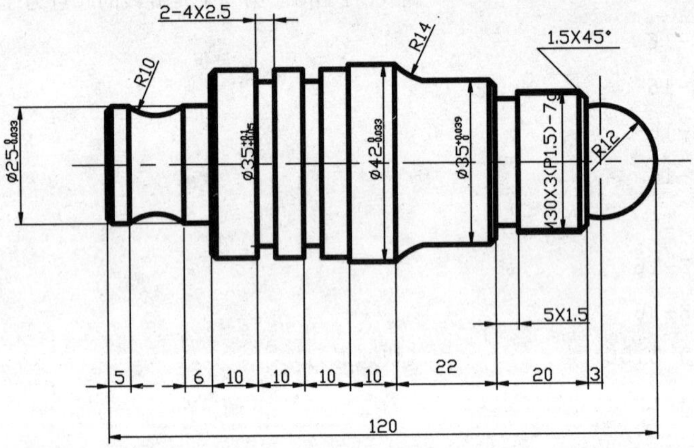

图 6-8

（3）

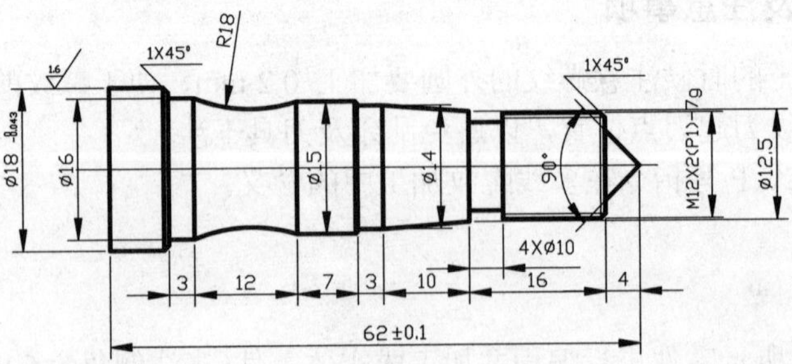

图 6-9

（4）

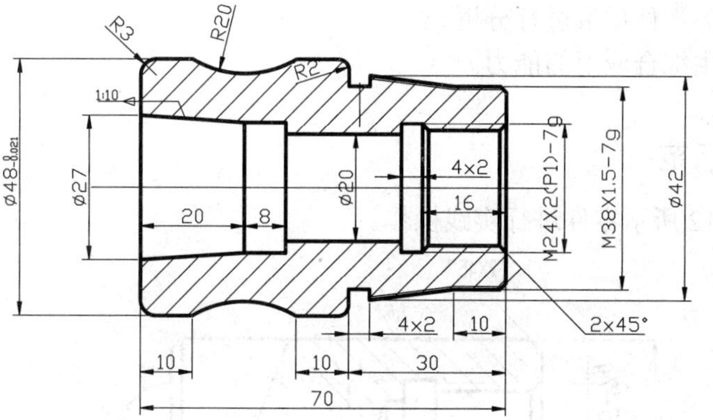

图 6-10

（5）

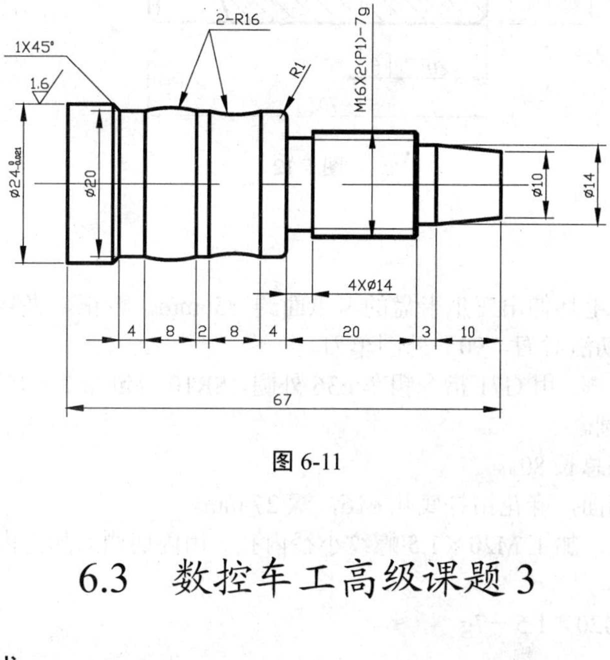

图 6-11

6.3　数控车工高级课题 3

6.3.1　目的和要求

（1）根据零件图合理编制组合件的各零件的加工工艺，能熟练编制复杂零件的加工程序，提高复杂零件工艺分析的能力。

（2）熟练掌握内孔及螺纹的编程和加工方法。

（3）合理选择刀具、量具并能够正确使用。

（4）能够合理地选择切削用量。

（5）能对各类零件质量进行分析。

（6）培养学生综合应用的能力。

6.3.2 举例与示范

（1）对图 6-12 所示零件进行实践操作。

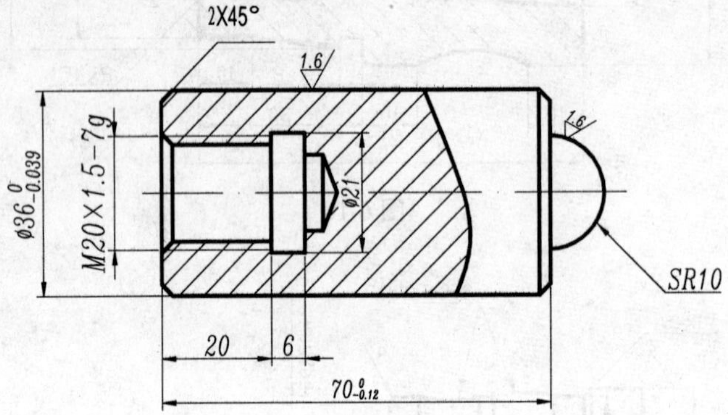

图 6-12

（2）工艺分析

加工工序：

① 加工右端。毛坯伸出三爪卡盘的卡爪面约 85 mm，校正，夹紧，用外圆端面车刀加工端面。并用试切法对刀，90° 外圆车刀。

② 粗加工外轮廓。用 G71 指令粗车 ø36 外圆、SR10 及倒角 2×45°，留 0.5 mm 的精加工余量。精车外圆。

③ 调头装夹保总长 80。

④ 粗加工左端面，麻花钻打底孔 ø16，深 27 mm。

⑤ 内轮廓加工。加工 M20×1.5 螺纹小径内孔。用内切槽刀加工内孔（其加工原理和和外槽刀相类似）。

⑥ 加工螺纹 M20×1.5－7g

⑦ 精度测量。

（3）程序示范：

① 外轮廓（工序一）

华中 HNC-21T 系统

```
% 0001                                   (程序名)
N01 M42
```

```
N10 M03 S600                        （M03：主轴正转，S600：转速为 600 转/分）
N20 T0101                           （1 号外圆刀准备，建立 01 号刀补）
N30 G00 X42 Z2                      （快速定位）
N40 G71 U1 R0.5 P60 Q106 X0.5 Z0 F100
N50 M03 S1000 F50                   （精加工参数）
N60 G00 X0 G42
N70 G01 Z0
N80 G03X20Z-10R10
N103 G01X36C2
N104 Z-80
N106 X33 G40
N130 G00 X50 Z200          （快速定位于 X50，Z200，以使有足够的换刀空间，以免撞刀）
M05
M30
```

② 调头加工，车端面保总长，倒角，打底孔（工序二）

华中 HNC-21T 系统

```
%     0002                          （程序名）
N01 M42
N10 M03 S600                        （M03：主轴正转，S600：转速为 600 转/分）
N20 T0101                           （1 号外圆刀准备，建立 01 号刀补）
N30 G00 X16 Z2                      （快速定位）
N40 G71 U1 R0.5 P60 Q106 X-0.5 Z0 F100
N50 M03 S1000 F50                   （精加工参数）
N60 G00 X24 G41
N70 G01 Z0
N80 X20 Z-2
N101 Z-26
N106 G01X33 G40
N130 G00 Z200                       （快速定位于 Z200，以使有足够的换刀空间，以免撞刀）
M03 S300                            （M03：主轴正转，S300：转速为 300 转/分）
T0303                               （3 号内螺纹刀准备，建立 03 号刀补）
G00 X16 Z2                          （快速定位）
G82 X18 Z-21 F1.5                   （G82：外螺纹加工循环，F1.5:导程为 1.5 mm。）
X18.5 Z-21
X18.8 Z-21
```

```
X19 Z-21
X19.3 Z-21
X19.5 Z-21
X19.7Z-21
X19.9 Z-21
X20.0 Z-21
N130 G00 Z200                    (快速退刀)
M05
M30
```

6.3.3 操作要领及注意事项

(1) 内螺纹刀安装时刀尖要对正中心;

(2) 车加工内螺纹时要正确计算底孔直径;

(3) 进行内螺纹加工编程时要注意退刀方向;

(4) 二次装夹零件进行加工，注意保证尺寸精度及形位精度的技能与技巧;

(5) 一夹一顶装夹加工时，注意换刀点位置，使刀具不发生碰撞现象。

6.3.4 练习题

对图 6-13～6-23 所示零件进行编程并加工出实体零件（未注倒角为 C1，未注圆角为 R1）。

(1)

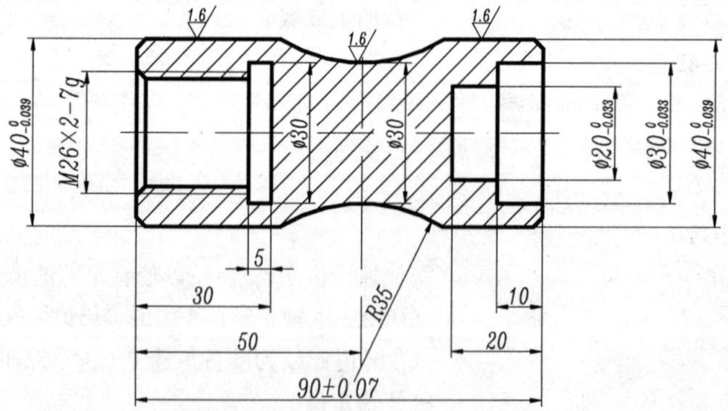

图 6-13

（2）

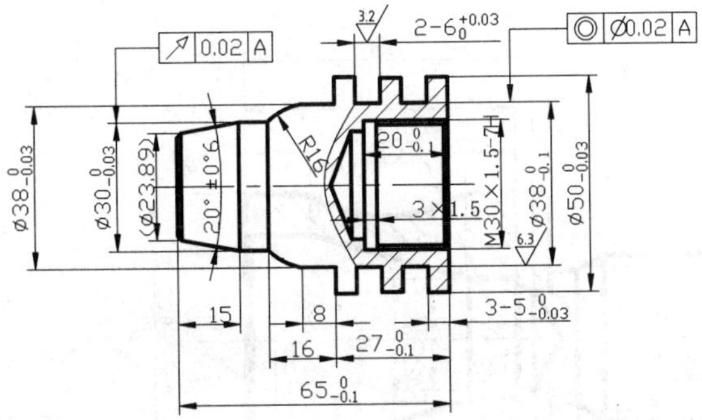

图 6-14

（3）组合件加工练习（按照装配图所示的工件 1、2 进行加工，进行常规的锐角倒钝和毛刺处理）。

装配图：

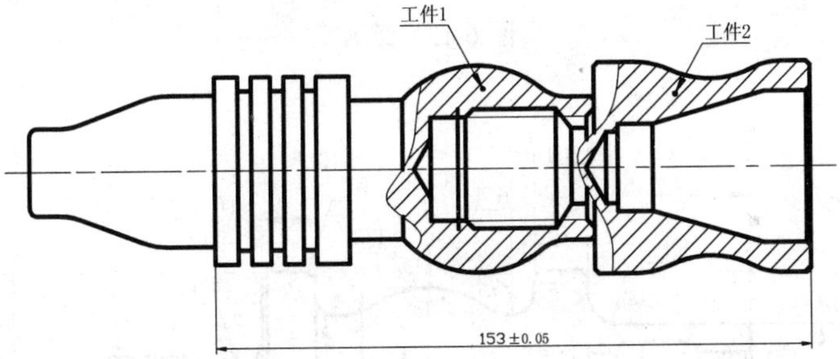

工件 1：

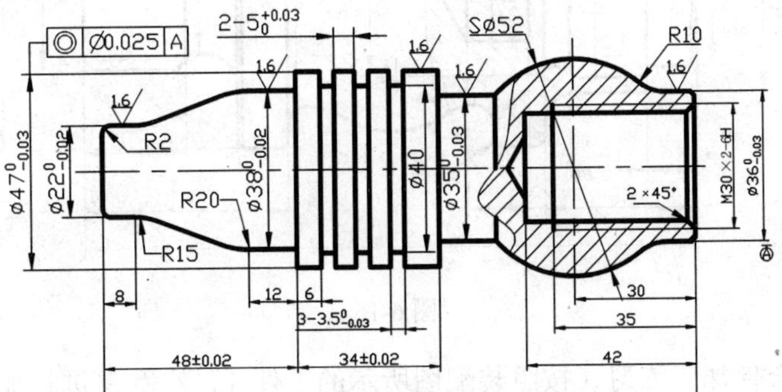

图 6-15

工件 2：

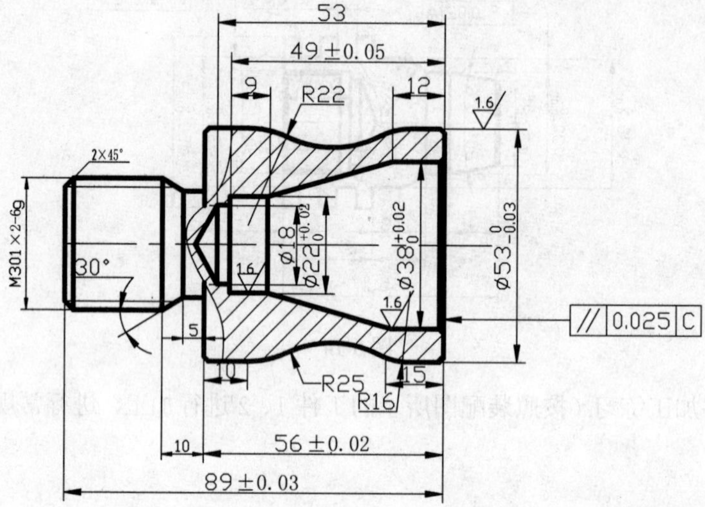

图 6-15（续）

（4）

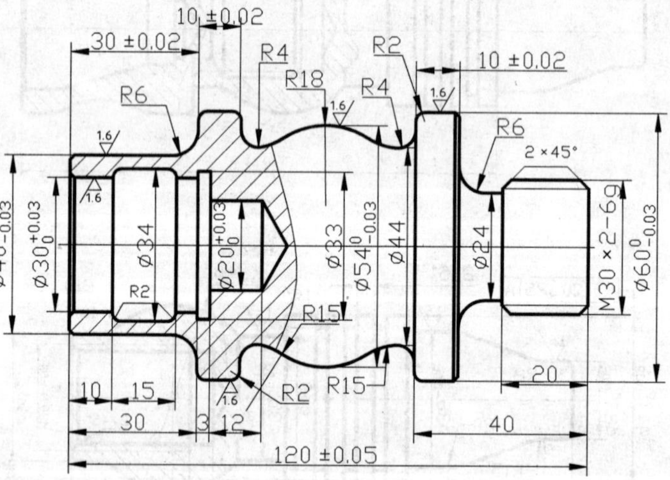

图 6-16

（5）三件组合件加工练习（按照装配图所示的工件 1、2 和 3 进行加工，未注倒角为 C1.5，进行常规的锐角倒钝和毛刺处理）

装配图：

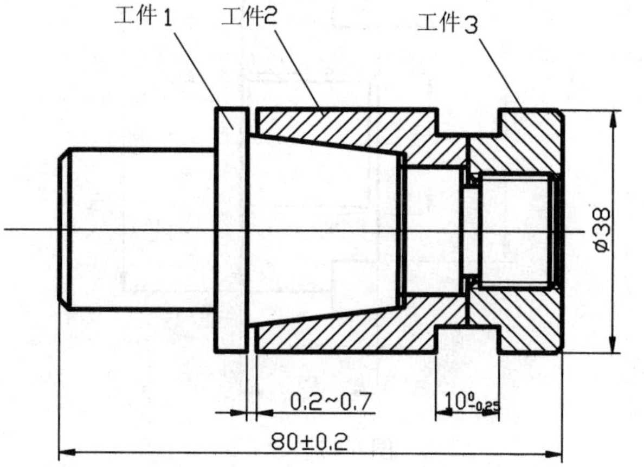

工件 1：

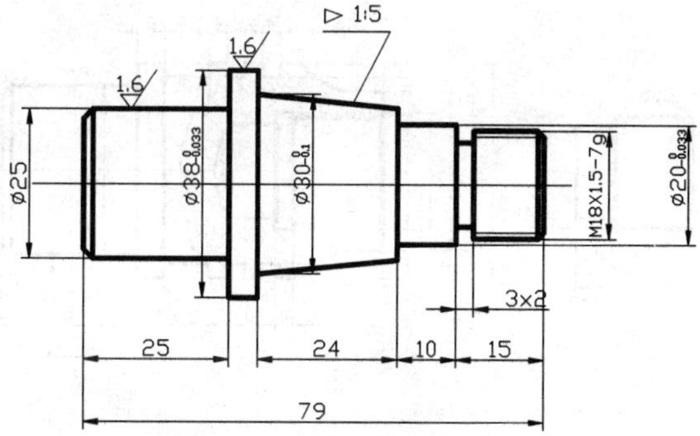

工件 2：

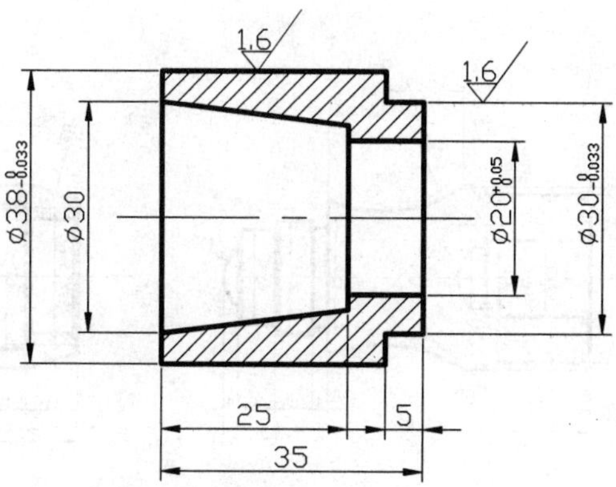

图 6-17

工件 3：

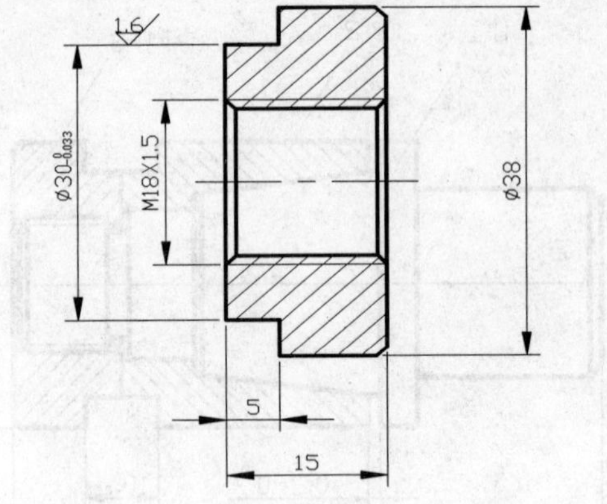

图 6-17（续）

（6）

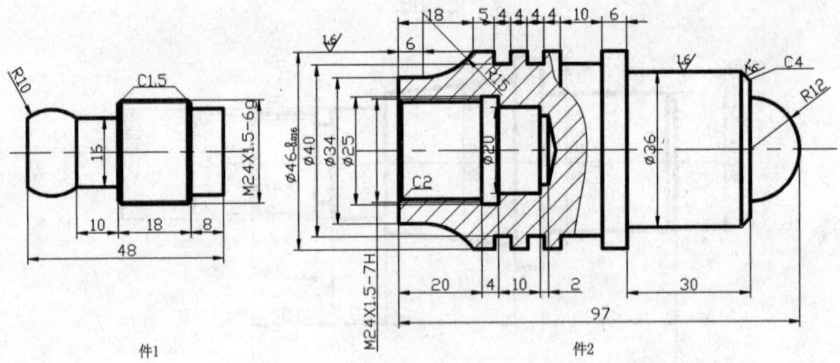

图 6-18

（7）

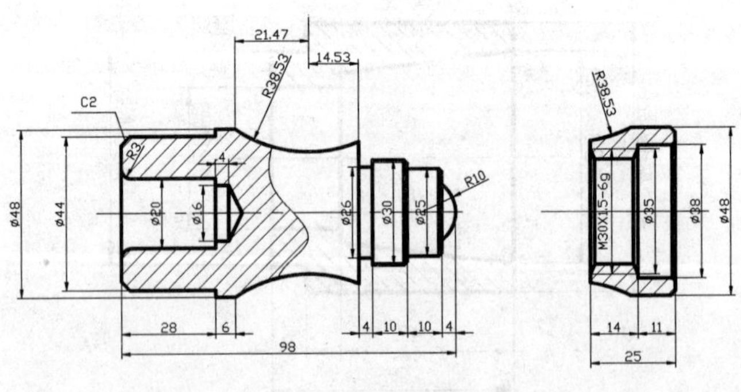

图 6-19

（8）

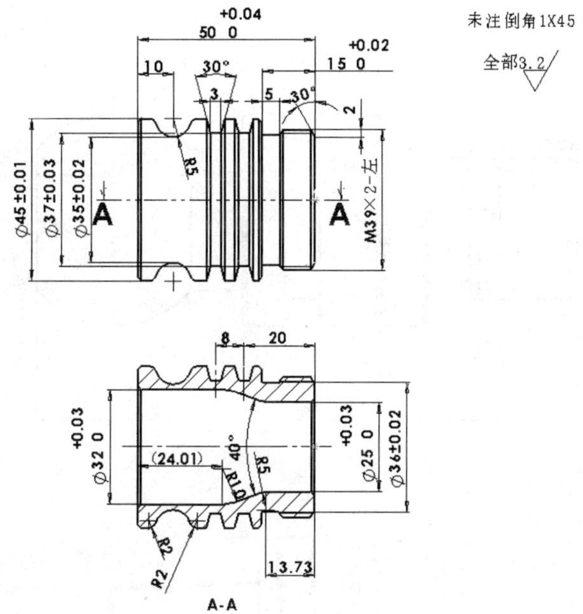

未注倒角1X45
全部3.2
+0.04
50 0
+0.02
15 0
10
30°
3
5
30°
2
R5
Ø45±0.01
Ø37±0.03
Ø35±0.02
A
A
M39×2-左
8
20
+0.03
Ø32 0
(24.01)
40°
R5
R10
+0.03
Ø25 0
Ø36±0.02
R2
R2
13.73
A-A

图 6-20

（9）

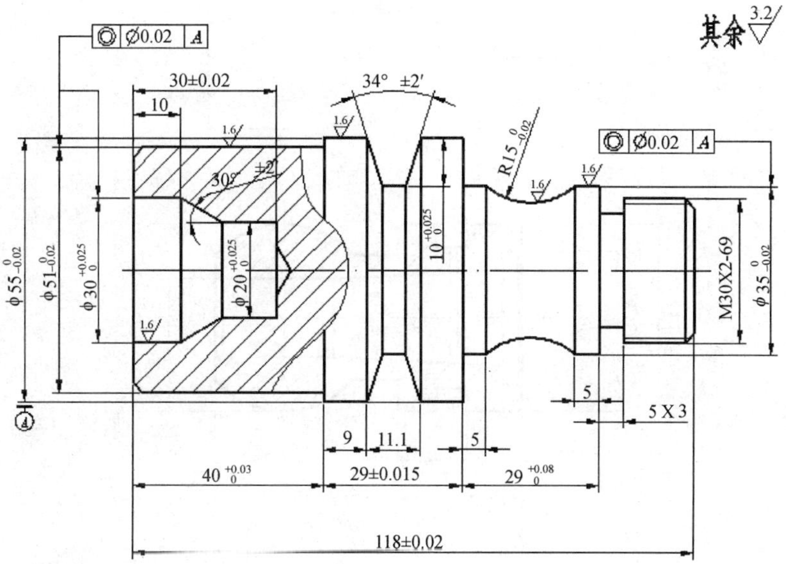

其余3.2
Ø0.02 A
30±0.02
10
34° ±2′
1.6
1.6
30° ±2′
R15 0 -0.02
Ø0.02 A
1.6
1.6
ϕ55 0 -0.02
ϕ51 0 -0.02
ϕ30 +0.025 0
ϕ20 +0.025 0
10 +0.025 0
M30X2-69
ϕ35 0 -0.02
A
5
5 X 3
9
11.1
5
40 +0.03 0
29±0.015
29 +0.08 0
118±0.02

图 6-21

（10）组合件加工练习（按照装配图所示的工件 1、2 进行加工，进行常规的锐角倒钝和毛刺处理）。

装配图：

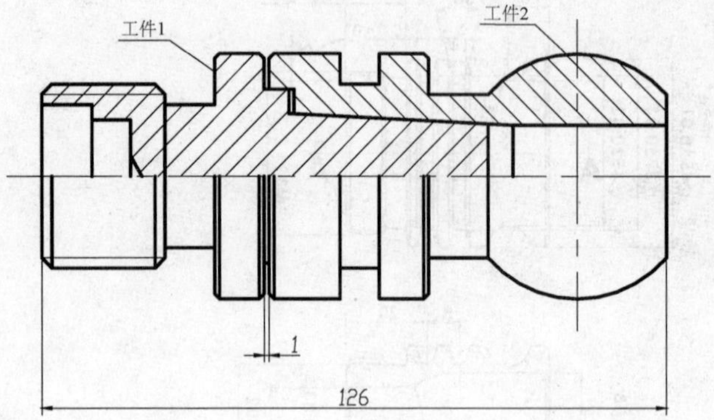

工件 1：

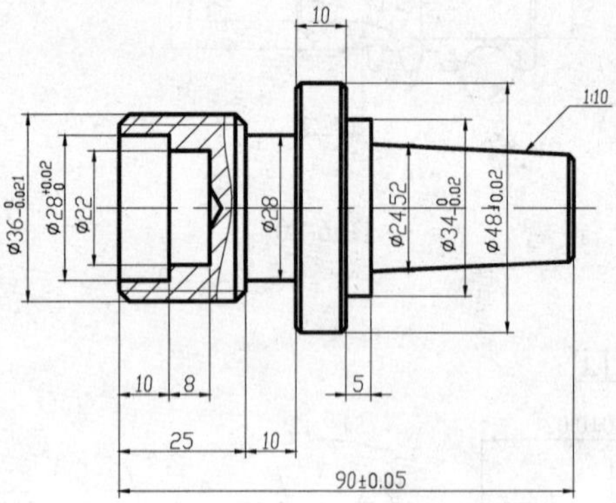

工件 2：

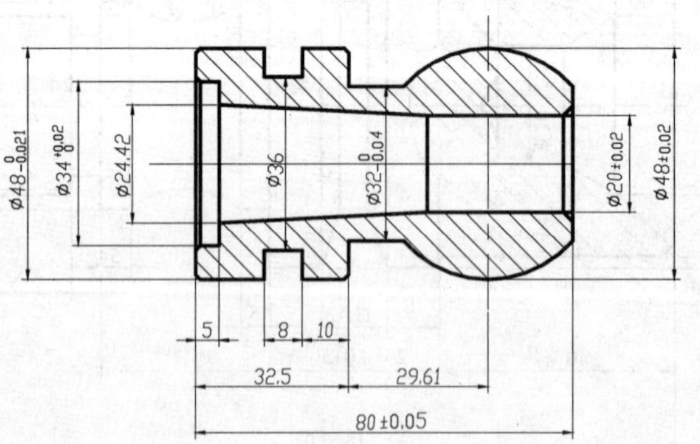

图 6-22

（11）组合件加工练习（按照装配图所示的工件 1、2 进行加工，进行常规的锐角倒钝和毛刺处理，满足装配后的形位公差要求）。

装配图：

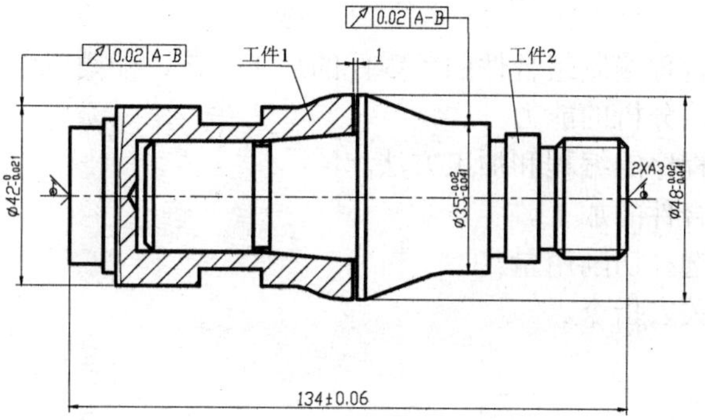

工件 1：

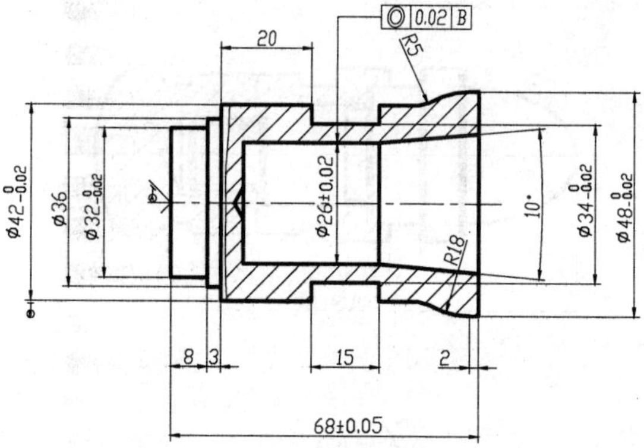

工件 2：

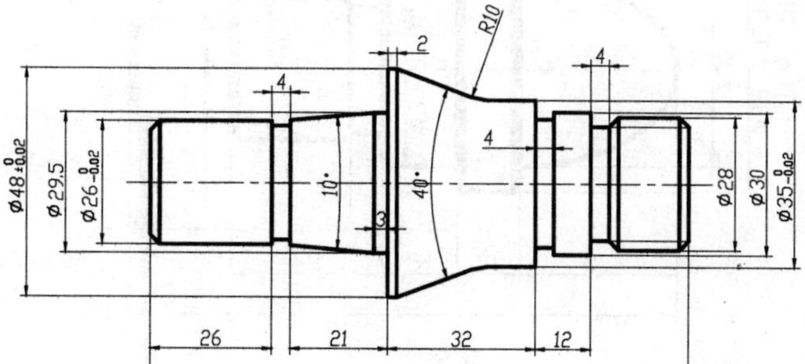

图 6-23

6.4 数控车工高级课题 4

6.4.1 目的和要求

（1）根据零件图合理编制组合件的各零件的加工工艺，能熟练编制复杂零件的加工程序，提高复杂零件工艺分析的能力。

（2）熟练掌握宏程序的编程和加工方法。

（3）能够完成配合件的加工。

（4）能够合理地选择切削用量。

（5）灵活运用相关宏指令。

6.4.2 举例与示范

（1）对图 6-24 所示零件进行实践操作。

装配图：

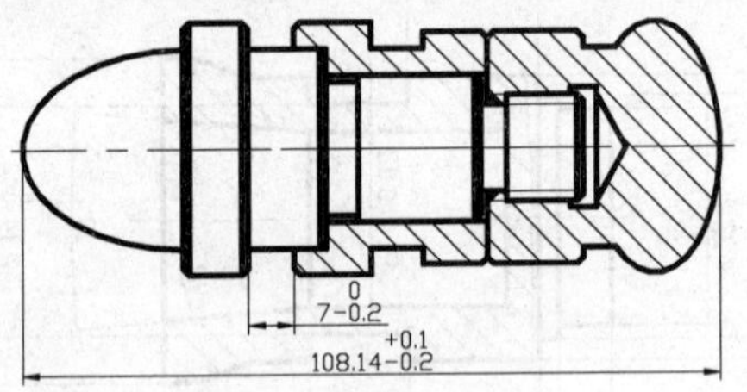

工件 1：

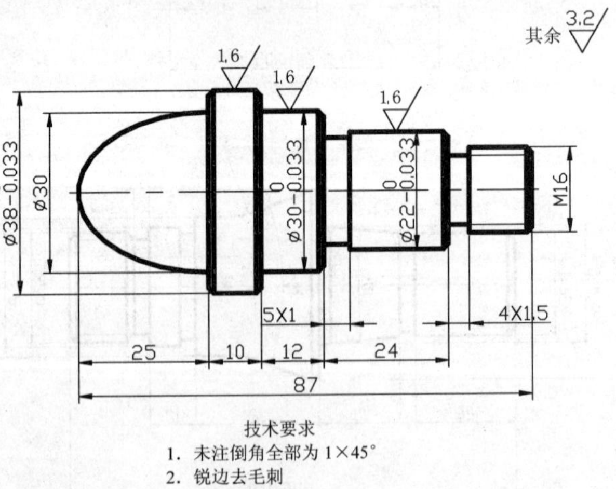

技术要求
1. 未注倒角全部为 1×45°
2. 锐边去毛刺
3. 不允许套螺纹

图 6-24

工件 2：

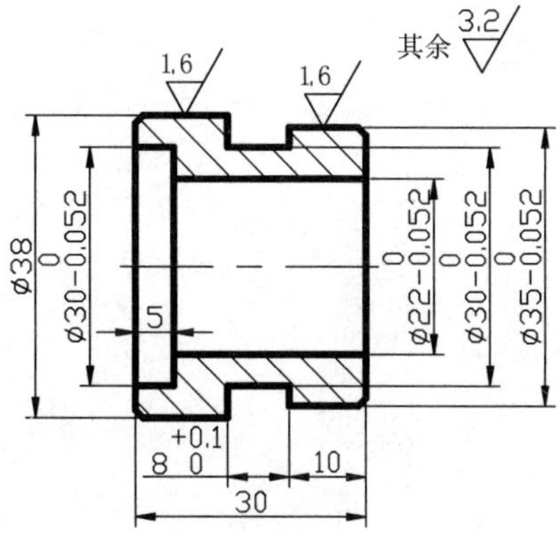

技术要求
1. 未注倒角全部为 1×45°
2. 锐边去毛刺

工件 3：

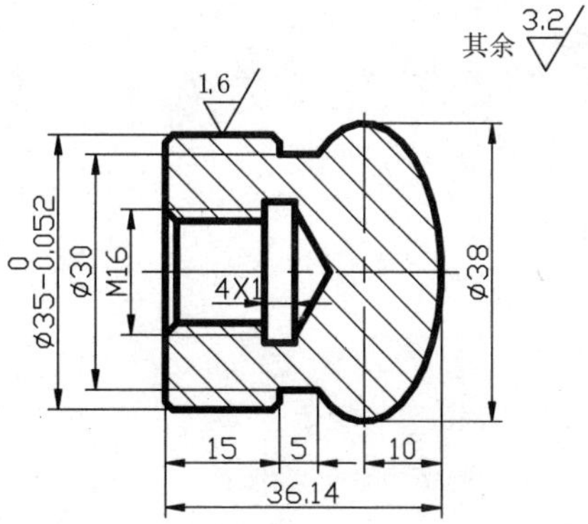

技术要求
1. 未注倒角全部为 1×45°
2. 锐边去毛刺
3. 不允许攻螺纹

图 6-24（续）

（2）程序示范：

```
%   1                                        件 1 右外形
    M03S800
    T0101
    G00X41Z5
    G71U1R0.5P10Q20X0.5Z0F100
    M03S1000F50
N10 G0X0G42
```

```
        G1Z0
        X15.8C1
        Z-11
        X13Z-12
        Z-16
        X22C1
        Z-34
        X20Z-35
        Z-40
        X30C1
        Z-52
        X38C1
        Z-90
N20     X41G40
        G00X50Z100
        M30

%       2                               M16 螺纹
        M03S800
        T0202
        G00X18Z5
        G82X15.5Z-13F2
        X15.2Z-13
        X14.8Z-13
        X14.5Z-13
        X14.2Z-13
        X14.0Z-13
        X13.8Z-13
        X13.6Z-13
        X13.5Z-13
        X13.4Z-14
        G00X50Z100
        M30

%       3                               件 1 左外形
        M03S800
        T0101
        G00X41Z5
        G71U1R0.5P10Q20X0.5Z0F100
        M03S1000F50
N10     G0X0G42
        G1Z0
        #1=25
        #2=15
        #3=25
```

```
     WHILE #3 GE 0
     #4=15*SQRT[#1*#1-#3*#3]/25
     G01 X[2*#4]Z[#3-25]
     #3=#3-0.5
     ENDW
     G01X36
     X38W-1
N20  X41G40
     G00X50Z100
     M30

%    4                                      件 2 右外形
     M03S800
     T0101
     G00X41Z5
     G71U1R0.5P10Q20X0.5Z0F100
     M03S1000F50
N10  G0X20G42
     G1Z0
     X35C1
     Z-10
     X30Z-12
     Z-18
     X38C0.5
     Z-40
N20  X41G40
     G00X50Z100
     M30

%    5                                      件 2 左内孔
     M03S500                                与件 1 配做
     T0404
     G00X20Z5
     G71U1R0.5P10Q20X-0.5Z0F100
     M03S800F50
N10  G0X31G41
     G1Z0
     X30Z-0.5
     Z-5
     X23
     X22Z-5.5
     Z-32
N20  X20G40
     G00Z100
     M30
```

```
%  6                                    件 3 左外形
     M03S800
     T0101
     G00X41Z5
     G71U1R0.5P10Q20X0.5Z0F100
     M03S1000F50
N10  G0X12G42
     G1Z0
     X35C1
     Z-18
N20  X41G40
     G00X50Z100
     M30

%  7                                    (M16 内螺纹)
     M03S800                            (钻 14 直径的内孔)
     T0505                              (用外螺纹配做)
     G00X13Z5
     G82X14.3Z-13F2
     X14.5Z-13
     X14.7Z-13
     X14.9Z-13
     X15.1Z-13
     X15.3Z-13
     X15.5Z-13
     X15.7Z-13
     X15.9Z-13
     X16.0Z-13
     X16.1Z-13
     G00Z100
     M30

%  8                                    (件 3 右外形)
     M03S800                            (夹左端 10mm 处)
     T0101
     G00X41Z5
     G71U1R0.5P10Q20X0.5Z0F100
     M03S1000F50
N10  G0X0G42
     G1Z0
     #1=10
     #2=19
     #3=10
     WHILE[#3 GE[-6.14]]
     #4=19*SQRT[#1*#1-#3*#3]/10
     G01 X[2*#4]Z[#3-10]
     #3=#3-0.5
```

```
     ENDW
     G01X30
     Z-21.14
     X33
     X35Z-22.14
N20  X41G40
     G00X50Z100
     M30
```

6.4.3　操作要领及注意事项

（1）宏程序的格式要正确。

（2）配合件加工时的加工工艺要正确。

（3）进行内螺纹加工编程时要注意退刀方向。

（4）两件及以上配合件加工时应注意细节加工时的倒角问题。

6.4.4　练习题

（1）组合件加工练习（未注倒角 C1，锐角倒钝 C0.5，去毛刺）。

装配图：

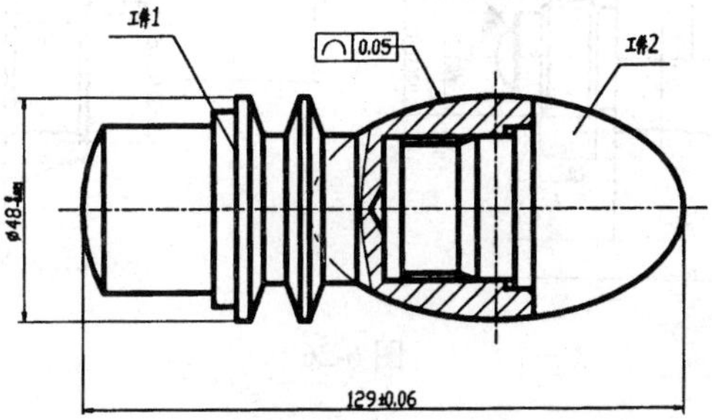

工件 1：

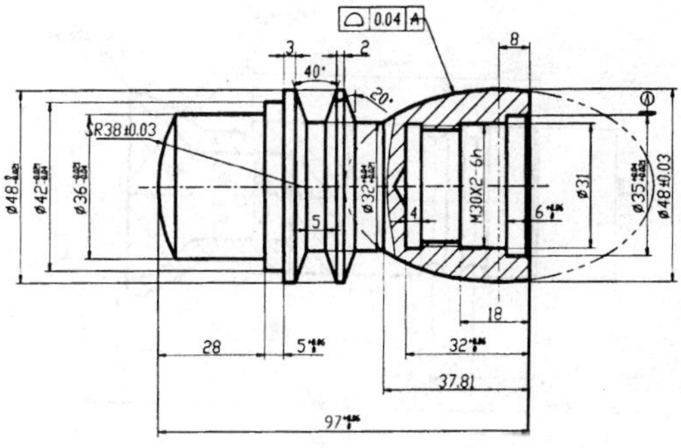

图 6-25

工件 2：

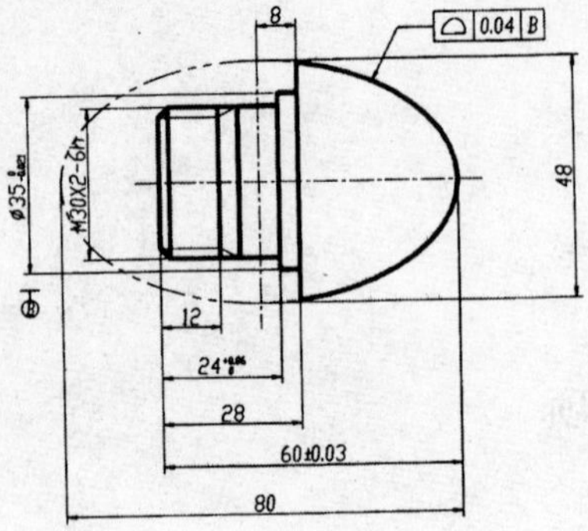

图 6-25（续）

（2）

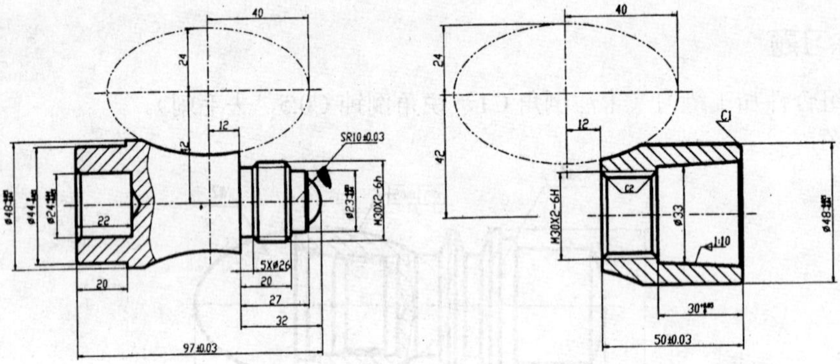

图 6-26

（3）

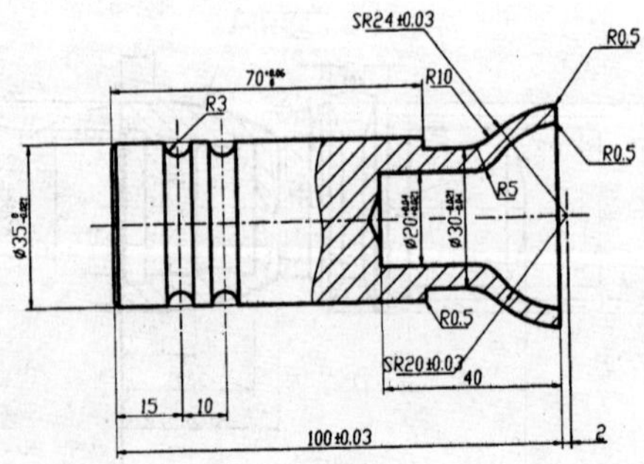

图 6-27

（4）

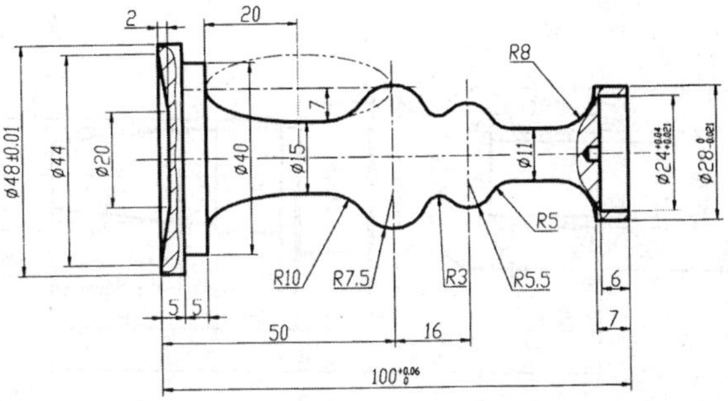

图 6-28

（5）

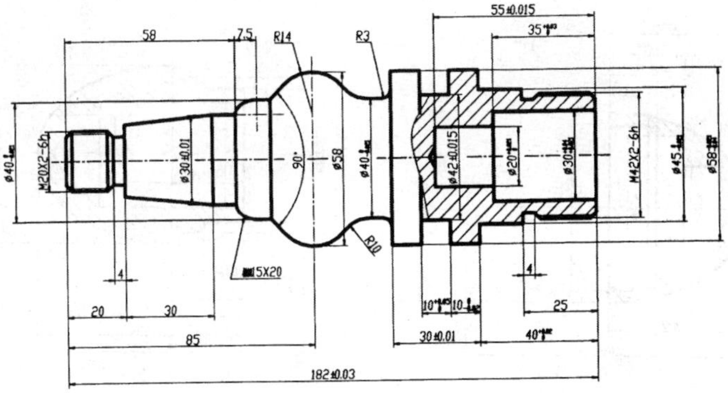

图 6-29

（6）

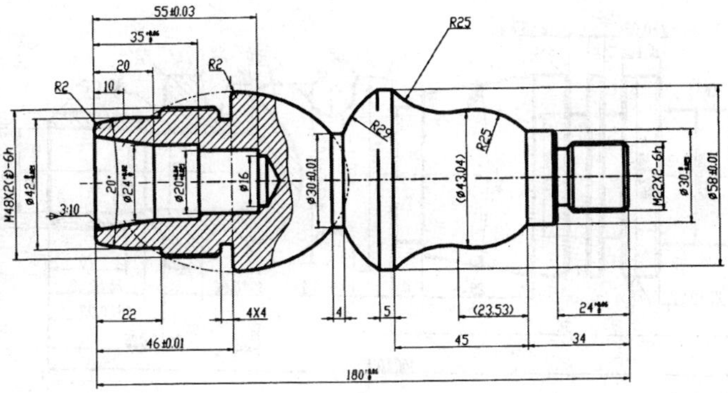

图 6-30

（7）

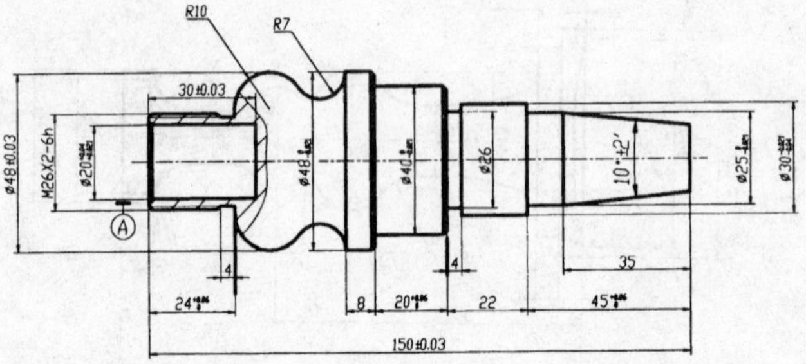

图 6-31

（8）

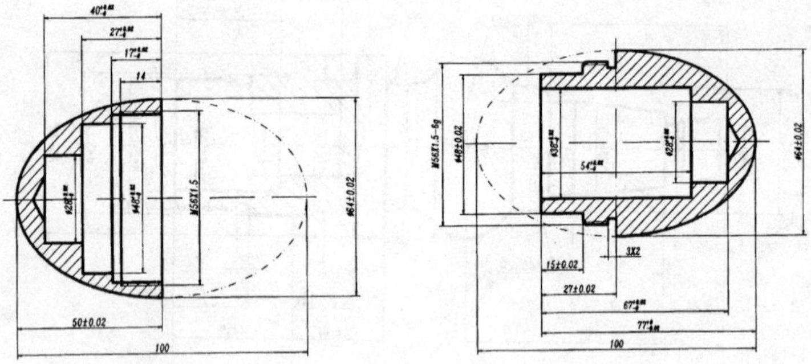

图 6-32

（9）加工单件，未注倒角 C1。

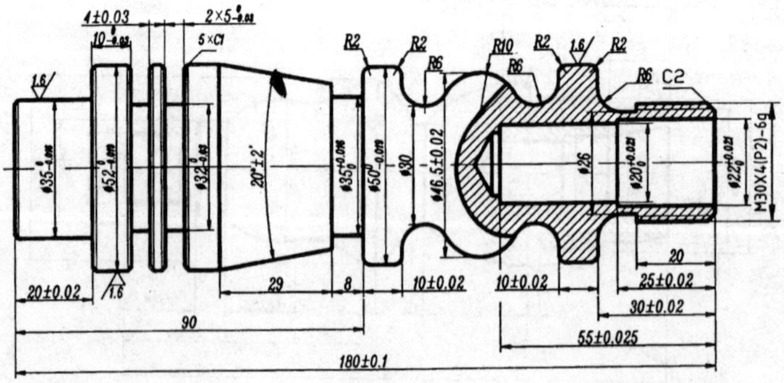

图 6-33

（10）锥螺纹配合件加工（要求配合后达到装配图要求，未注倒角 C1）。

装配图：

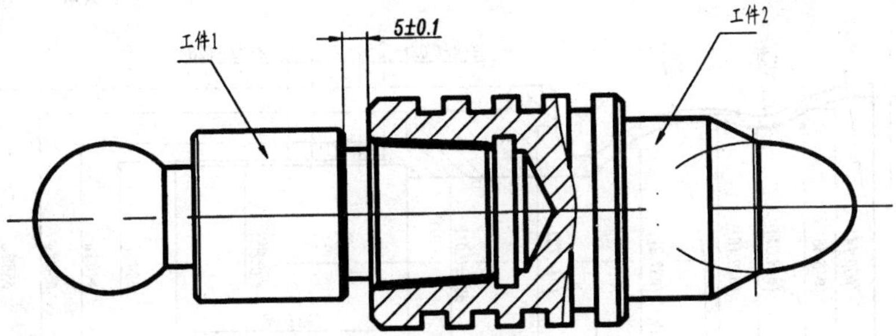

工件 1：

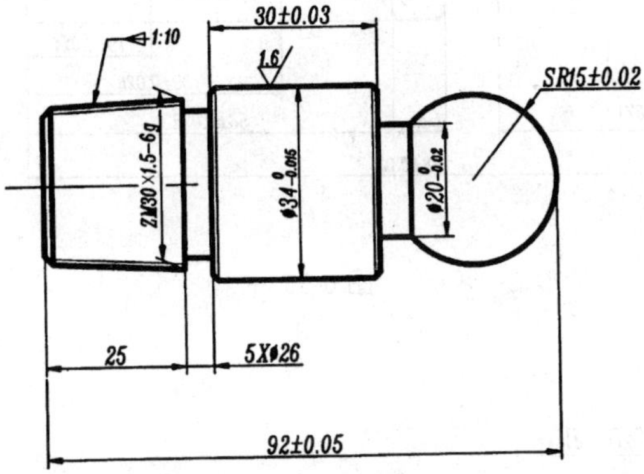

工件 2：

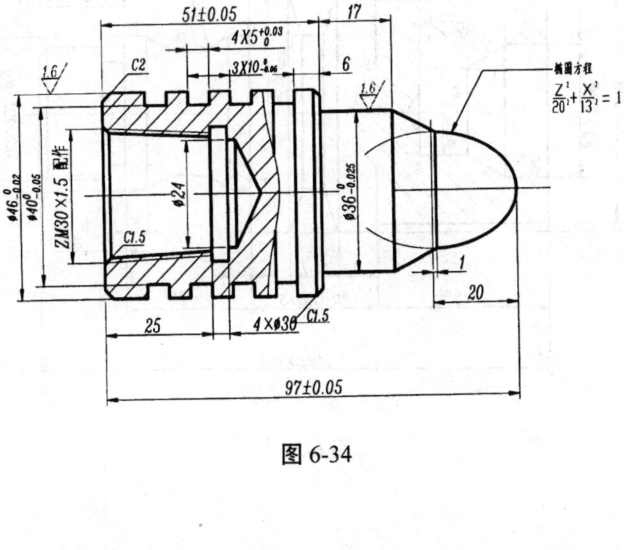

图 6-34

（11）

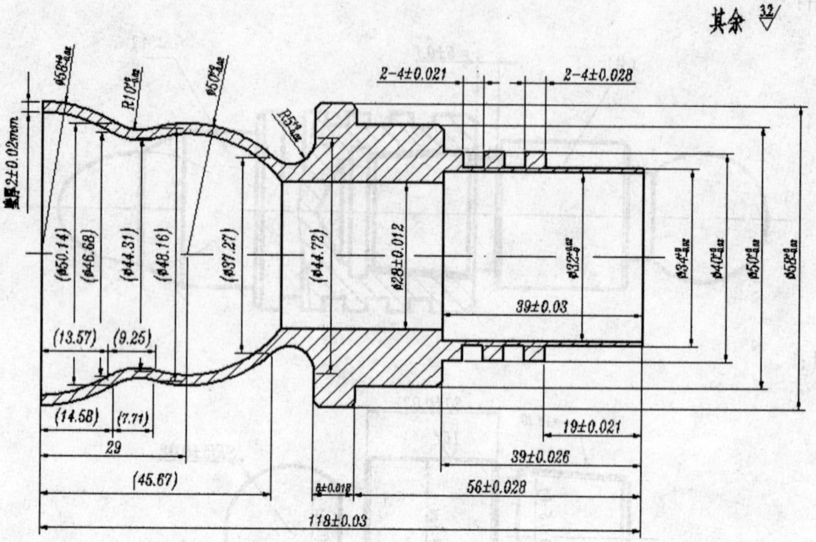

图 6-35

（12）

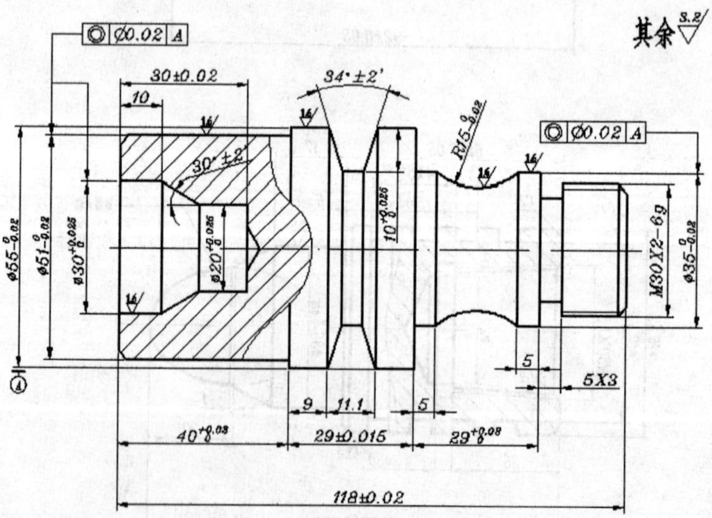

图 6-36

（13）

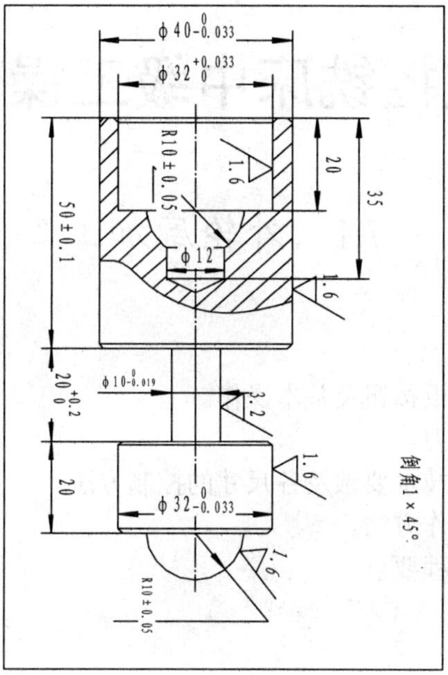

图 6-37

（14）

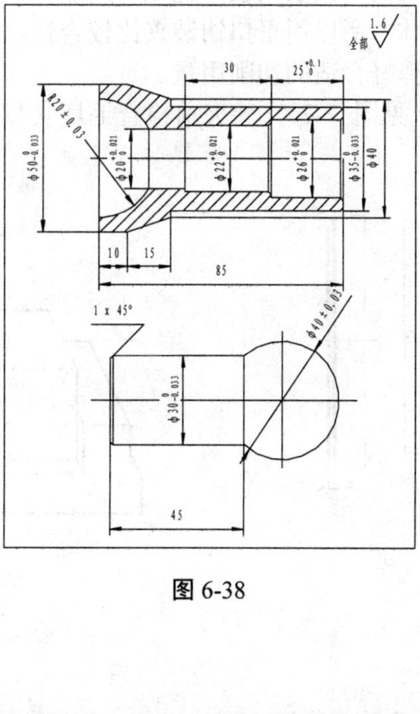

图 6-38

第 7 章　数控铣床中级工操作培训进阶

7.1　外轮廓加工

7.1.1　目的与要求

（1）熟练掌握机床的面板按钮及基本操作。

（2）熟练掌握试切法对刀。

（3）掌握外轮廓加工的技术要领及各尺寸的控制方法。

（4）掌握零件装夹的操作方法。

（5）掌握圆、圆弧的编程要点。

7.1.2　举例与示范

（1）对图 7-1 所示零件进行实践操作。

（2）工艺分析：

本零件只有一个单件，只要一次装夹就可完成，所以在装夹及伸出长度上要合适，夹紧力要适中。因毛坯料是方体，所以用平口钳装夹比较合适。程序在编写的过程中，分为粗加工和精加工两部分。选择好合适的切削用量。

① 用平口钳装夹工件（见图 7-2），装夹前检查毛坯安装基准面是否满足要求，平口钳三个工作面是否清洁。

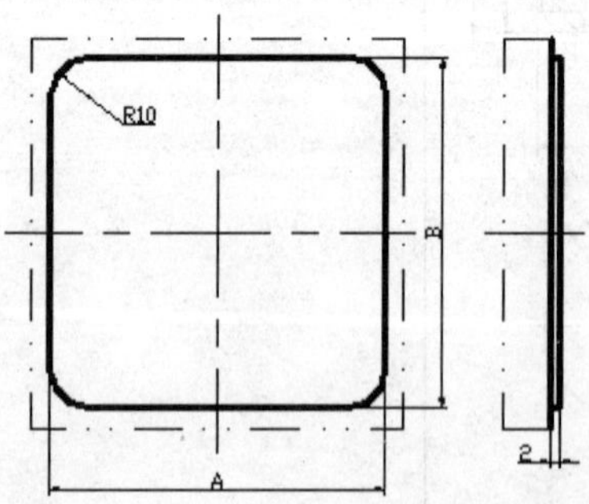

图 7-1

图 7-2

② 用寻边器进行 X、Y 轴对刀（如第 1 章所述）。

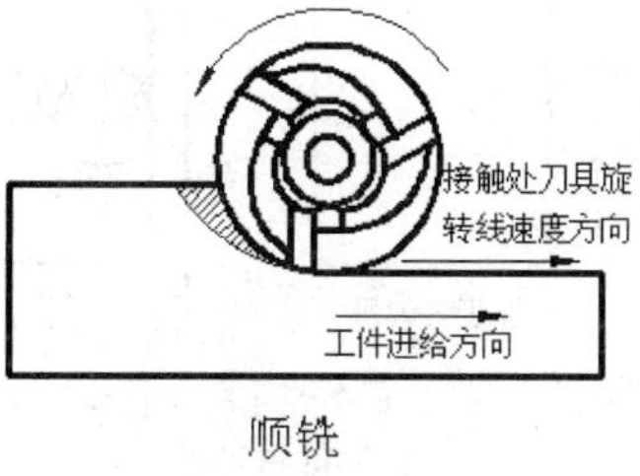

（a）

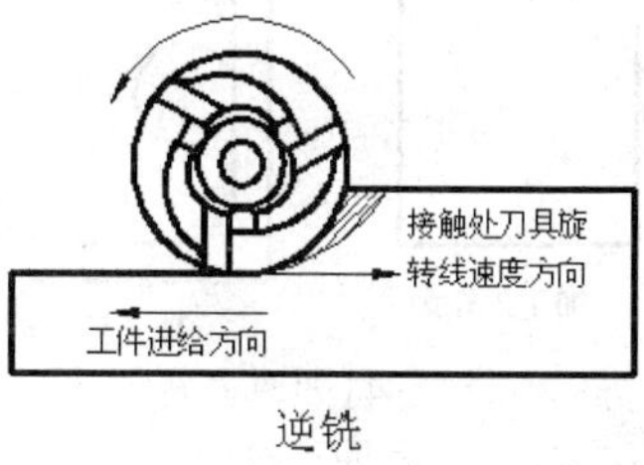

（b）

图 7-3

③ Z 方向对刀（如第 1 章所述）。

④ 加工方向的确定

在编程时宜采用 G41 刀具半径方向左补偿来加工（如图 7-3（a）所示）铣刀与工件接触部分的旋转方向与工件进给方向相同称为顺铣，反之为逆铣如图 7-3 所示。逆铣时，每个刀的切削厚度都是由小到大逐渐变化的。当刀齿刚与工件接触时，切削厚度为零，只有当刀齿在前一刀齿留下的切削表面上滑过一段距离，切削厚度达到一定数值后，刀齿才真正开始切削。顺铣使得切削厚度由大到小逐渐变化，刀齿在切削表面上的滑动距离也很小。而且顺铣时，刀齿在工件上走过的路程也比逆铣短。因此，在相同的切削条件下，采用逆铣时，刀具易磨损。逆铣时，由于铣刀作用在工件上的水平切削力方向与工件进给运动方向相反，所以工作台丝杆与螺母能始终保持螺纹的一个侧面紧密贴合。而顺铣时则由于水平铣削力的方向与工件进给运动方向一致，当刀齿对工件的作用力较大时，由于工作台丝杆与螺母间间隙的存在，工作台会产生窜动，这样不仅破坏了切削过程的平稳性，影响工件的加工质量，而且严重时会损坏刀具。然而，窜动现象只发生在普通铣床上，因为普通铣床大多采用的是普通丝杠螺母传动副，其存在的轴向间隙较大。若用数控铣加工零件，数控铣床用的是滚珠丝杠，通过预压力，可以使丝杠副中实现无侧隙，因此采用顺铣不会产生窜动现象。逆铣时，由于刀齿与工件间的摩擦较大，因此已加工表面的冷硬现象较严重。顺铣时，刀齿每次都是由工件表面开始切削，所以不宜用来加工有硬皮的工件。顺铣时的平均切削厚度大，切削变形较小，与逆铣相比较功率消耗要少些（铣削碳钢时，功率消耗可减少 5%，铣削难加工材料时可减少 14%）。

综上所述，除了表面有硬皮的工件外，均优先采用顺铣来加工。采用 G41 刀具半径方向左补偿来加工属于顺铣（见图 7-4），而 G42 刀具半径方向右补偿属于逆铣（见图 7-5）。

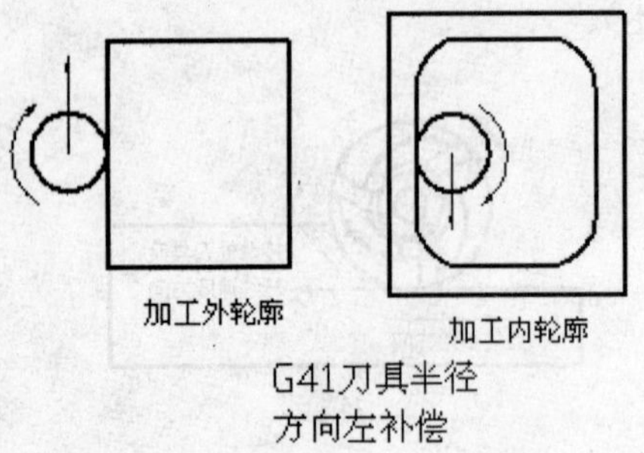

图 7-4

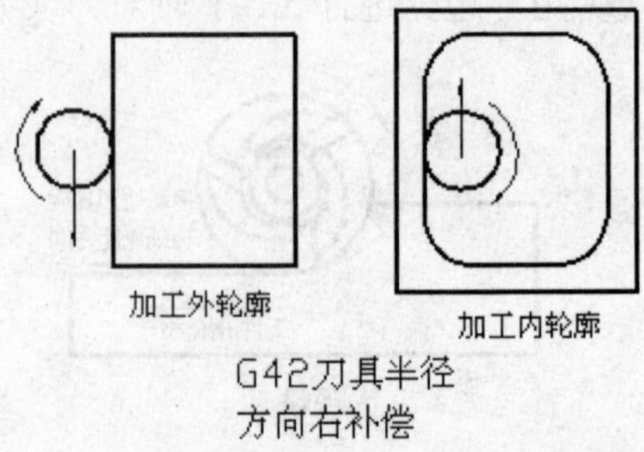

图 7-5

（3）程序示范：

华中 HNC-22M 系统

% 1	程序名
N1 G54G90G00Z100	把刀具快速定位到离工件上表面 100 mm 的高度
N2 X0Y0	移到工件的正上方，再一次确认工件坐标原点的位置
N3 M3S1000	主轴旋转，用 Φ16 的立铣刀，给 1 000 r/min 的转速
N4 X-45Y-65	给定下刀点
N5 Z5	下刀分两步走，先快速下刀到离工件上表面 5 mm 的高度
N6 G01Z-2F100	慢速下刀到 2 mm 的深度，给出 100 mm/min 的进给速度
N7 G41D1X-45Y-60	给出刀具半径方向左补偿指令
N8 Y35	进刀并投入切削
N9 G02X-35Y45R10	圆弧插补进给
N10 G01X35	
N11 G02X45Y35R10	
N12 G01Y-35	
N13 G02X35Y-45R10	
N14 G01X-35	
N15 G02X-45Y-35R10	
N16 G03X-65Y-15R20	圆弧退刀
N17 G00Z100	抬刀
N18 G40X0Y0	取消刀补
N19 M05	主轴停转
N20 M30	程序结束，并返回到程序开始位置

7.1.3 操作要领及注意事项

（1）机床开机后首先对机床进行回零操作（不用回零的机床除外），并且等回零成功后再进行其他的操作。

（2）对刀方法一定要正确，移动工作台或主轴必须用手轮操作。

（3）选定好加工刀具，加工外轮廓一般用立铣刀。选择好切削用量，利用改变刀补值来确保尺寸要求。

（4）程序操作时须从程序头开始。

（5）特别注意机床操作安全，严格执行《数控机床安全操作规程》。

7.1.4　练习题

加工图 7-6 所示零件，并满足尺寸要求。

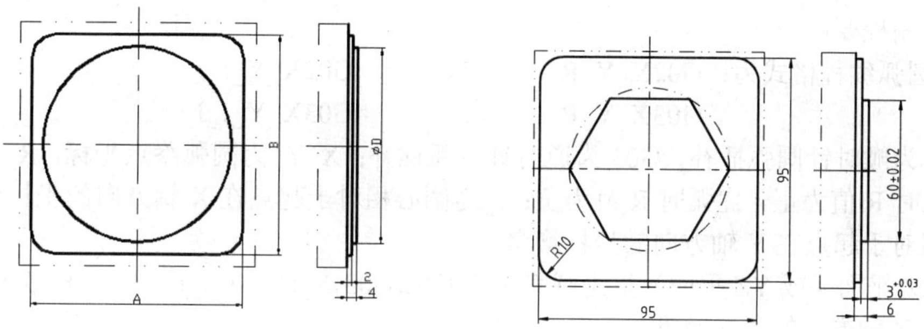

图 7-6

7.2　内轮廓加工

7.2.1　目的与要求

（1）熟练掌握机床的面板按钮及基本操作。

（2）熟练掌握试切法对刀。

（3）掌握整圆的编程方法。

（4）熟练掌握零件装夹的操作方法。

（5）掌握内轮廓的加工要点。

7.2.2　举例与示范

（1）对图 7-7 所示零件进行实践操作。

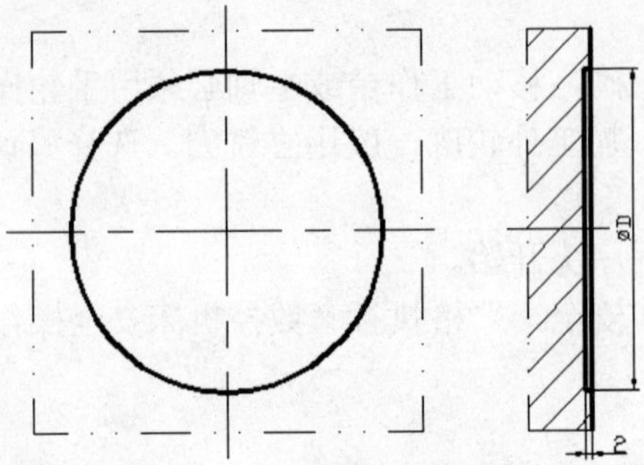

图 7-7

（2）编程要点：

① 圆弧编程格式为：G02X_Y_R_ 或 G02X_Y_I_J_
G03X_Y_R_ G03X_Y_I_J_

G02 为顺时针圆弧插补，G03 为逆时针圆弧插补；X_Y_为圆弧终点坐标，R 为圆弧半径；劣弧时 R 值为正，优弧时 R 值为负；I_为圆心相对于起点在 X 轴方向的坐标增量，J_为圆心相对于起点在 Y 轴方向的坐标增量。

在 XZ 平面（或 YZ 平面）里走圆弧则为 G02(G03)X_(Y_)Z_I_(J_)K_，K_为圆心相对于起点在 Z 轴方向的坐标增量。

进行整圆加工时，必须用 G02（G03）X_Y_I_J_的方式编写，不能用 R 的方式编写。因为既满足终点起点在同一位置，又满足半径为 R 的圆有无数个，所以用 R 的方式编写无法确定圆的位置。

② 因为 G41 刀具半径方向左补偿在切削中属于顺铣，G42 刀具半径方向左补偿在切削中属于逆铣，顺铣切削性能比逆铣来得好，所以优先采用 G41。因此，此整圆优先用 G03 来编。

（3）程序示范：

华中 HNC-22M 系统

% 1	(程序名)
N1 G54G90G00Z100	把刀具快速定位到离工件上表面 100 mm 的高度
N2 X0Y0	移到工件的正上方，再一次确认工件坐标原点的位置
N3 M3S1000	主轴旋转，用 Φ16 的键槽铣刀，给 1000 r/min 的转速
N4 Z5	下刀分两步走，先快速下刀到离工件上表面 5mm 的高度
N5 G01Z-2F80	慢速下刀到 2 mm 的深度，给出 80 mm/min 的进给速度
N6 G41D1X-15Y15F100	给出刀具半径方向左补偿指令，并到进刀起始点。在 X、Y 方向切削进给量可以比 Z 方向切削大一点
N7 G03X-30Y0R30	圆弧进刀

```
N8 G03I30               走整圆，终点坐标和 J0 可以省略不写
N9 G03X-15Y-15R15       圆弧退刀
N10 G00Z100
N11 G40X0Y0             抬刀后取消刀补
N12 M30
```

7.2.3　操作要领及注意事项

（1）加工内轮廓零件必须用键槽铣刀加工。
（2）如果余量很多，应该先编好去除余量的程序，再编铣轮廓的程序。
（3）宜采用 G41 刀具半径方向左补偿来加工。

7.2.4　练习题

加工图 7-8～7-10 所示零件，完成尺寸要求。

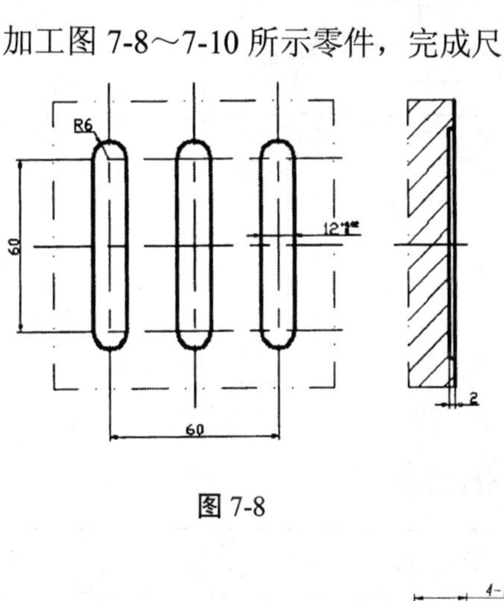

图 7-8

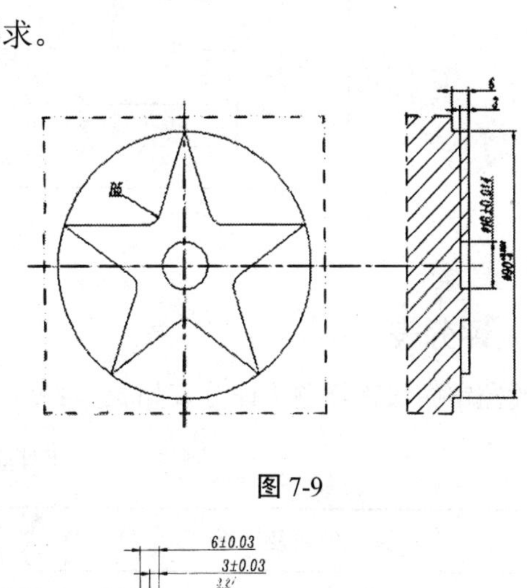

图 7-9

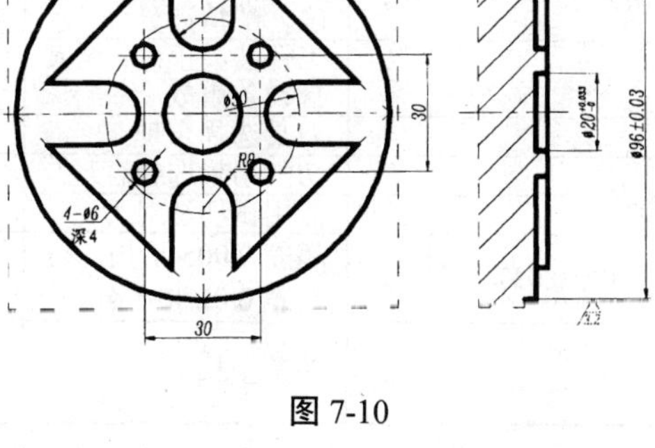

图 7-10

7.3 数控铣中级工样题 1

7.3.1 零件图

数控铣中级工样题 1 的零件图如图 7-11 所示。

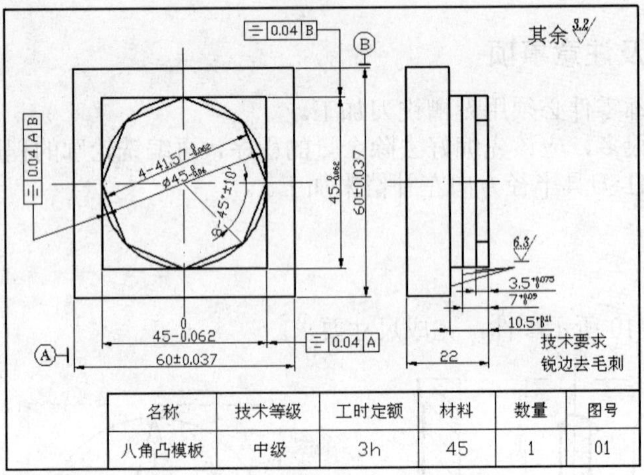

图 7-11

7.3.2 评分表

数控铣中级工样题 1 评分表如表 7-1、7-2、7-3 所示。

表 7-1 工件质量评分记录表

序号	鉴定项目及标准			配分	评分标准	检验结果	得分	备注
1	工艺准备（20 分）	工艺编制		3	工艺编制合理酌情评分	——		
		程序编制及输入		6	程序编制及输入正确，酌情评分	——		
		工件装夹		4	工件装夹正确，无人身设备事故	——		
		刀具选择		4	刀具选择合理	——		
		切削用量选择		3	切削用量选择合理	——		
2	工件加工（60 分）	用试切法对刀		5	能用试切法对刀	——		
		工件质量（55 分）	60±0.037	6	超差 0.005 不扣，每超差 0.01 扣 1 分			
			$45^{0}_{-0.062}$	6	超差全扣			

（续表）

序号	鉴定项目及标准			配分	评分标准	检验结果	得分	备注
2			$4\text{-}41.57^{0}_{-0.062}$	6	超差 1 处扣 1.5 分			
			$\Phi45^{0}_{-0.06}$	6	超差全扣			
			8-45° ±10′	8	超差 1 处扣 1 分			
			$3.5^{+0.075}_{0}$	5	超差全扣			
			$7^{+0.09}_{0}$	5	超差全扣			
			$10.5^{0.11}_{0}$	3	超差全扣			
			22	3	超差全扣			
			⌯ 0.04 A	3	超差全扣			
			⌯ 0.04 A B	3	超差全扣			
			⌯ 0.04 B	3	超差全扣			
			粗糙度 3.2	3	降一级扣 2 分，降两级不得分			
3	时间扣分	每超时 3 分钟扣 1 分						
合计				80				

表 7-2　工具、设备的使用与维护评分

序号	鉴定范围	鉴 定 项 目	配分	考场表现	得 分
1	工具使用与维护	合理使用常用工具	2		
2		合理使用常用刀具			
3		合理使用及正确保养常用夹具	1		
4		合理使用及正确保养组合夹具	2		
5	设备使用与维护	正确操作自用设备	1		
6		爱护电器设备	1		
7		能及时发现设备故障并爱护电器设施	1		
8		按要求润滑设备	1		
9		按规定维护保养设备	1		
合　计			10		

表 7-3 安全及其他评分

序号	鉴定范围	鉴 定 项 目	配 分	考场表现	得 分
1	安全	严格执行数控铣工安全操作规程	2		
2		严格执行砂轮机安全操作规程	1		
3		严格执行有关安全生产的各项制度、规定	2		
4	其他	按定置管理规定及要求，整齐摆放工件	1		
5		按定置管理规定及要求，整齐摆放工、刀、量具	1		
6		按文明生产规定，工作完毕，打扫干净工作场地	3		
合 计			10		

7.3.3 考核目标及操作提示

1. 考核目标

（1）掌握整圆的编程方法和铣削技能；
（2）能使用刀具半径补偿功能对外轮廓进行编程和铣削；
（3）能设置工件坐标系和刀具补偿参数。

2. 加工操作提示

（1）加工准备。
① 认真阅读零件图 7-12，并检查坯料的尺寸；
② 编制加工程序，输入程序并选择该程序；
③ 用平口钳装夹工件，伸出钳口 12 mm 左右；
④ 安装寻边器，确定工件零点为坯料上表面的中心，设定零点偏置；
⑤ 安装 Φ16 mm 三刃立铣刀并对刀，设定刀具参数，选择自动加工方式。
（2）粗铣正方形外轮廓。分两层粗铣 45 mm×45 mm×10.5 mm 外轮廓，留 0.5 mm 单边余量。
（3）粗铣八角形凸台。粗铣留 0.5 mm 单边余量。
（4）粗铣圆柱体。粗铣留 0.5 mm。
（5）半精铣八角形凸台、圆柱体和正方形外轮廓。
① 用 Φ16 mm 三刃立铣刀半精铣八角形凸台和圆柱体，留 0.1 mm 单边余量；
② 半精铣正方形外轮廓，留 0.1 mm 单边余量。
（6）精铣八角形凸台、圆柱体和正方形外轮廓。
① 实测工件尺寸，调整刀具补偿参数，精铣八角形凸台和圆柱体并达到尺寸要求；
② 实测工件尺寸，调整刀具补偿参数，精铣正方形外轮廓并达到尺寸要求。

3. 注意事项

（1）使用寻边器确定工件零点时应采用碰双边法；
（2）精铣时采用顺铣法，以提高表面加工质量；
（3）垂直进刀时，应避免立铣刀直接切削工件；铣削加工时，铣刀应尽量沿轮廓切向进刀和退刀。

4. 编程、操作加工时间

（1）编程时间：60 min（占总分 30%）；
（2）操作时间：120 min（占总分 70%）。

7.3.4　程序示范（华中世纪星 22M）

粗铣、半精铣和精铣时使用同一加工程序，只需调整刀具参数分 3 次调用相同的程序进行加工即可。

```
% 1
G54G90G00Z100
X0Y0
M3S1000
X40Y-22.5
Z5                              为提高效率，Z 值可以再小一点
G01Z-3.5F100                    铣八边形
G41D1X35Y-22.5
X0
X-15.91Y-15.91
X-22.5Y0
X-15.91Y15.91
X0Y22.5
X15.91Y15.91
X22.5Y0
X15.91Y-15.91
X0Y-22.5
X-35
G00Z5
G40X-22.5Y-40
G01Z-7F100                      铣圆台
G41D1X-22.5Y-35
Y0
G02I22.5
G01Y35
G00Z5
G40X-22.5Y-45
```

```
G01Z-10.5F100                    铣方台
G41D1X-22.5Y-40
Y22.5
X22.5
Y-22.5
X-40
G00Z100
G40X0Y0
M30
```

7.3.5 练习题

按尺寸要求加工图 7-12～7-17 所示零件。

（1）

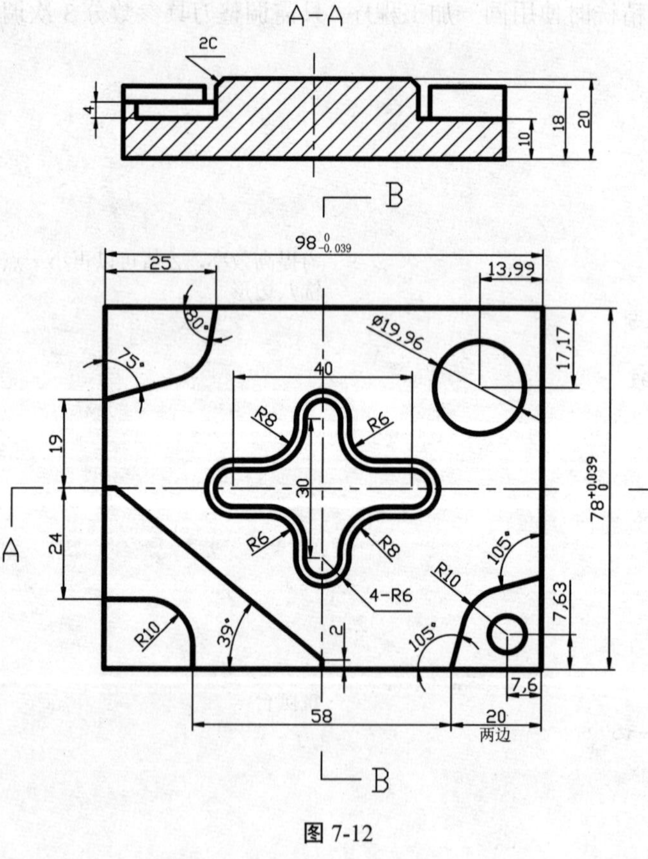

图 7-12

B-B

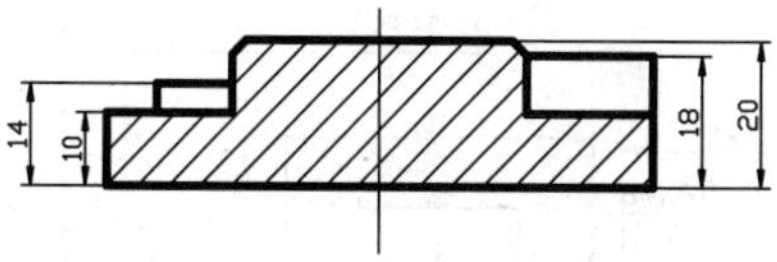

图 7-12（续）

（2）

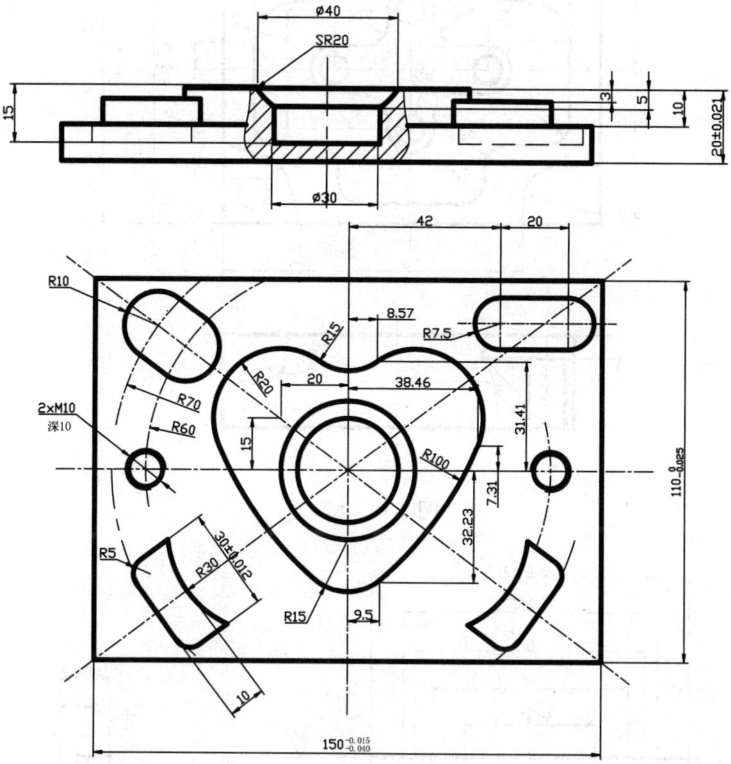

图 7-13

（3）

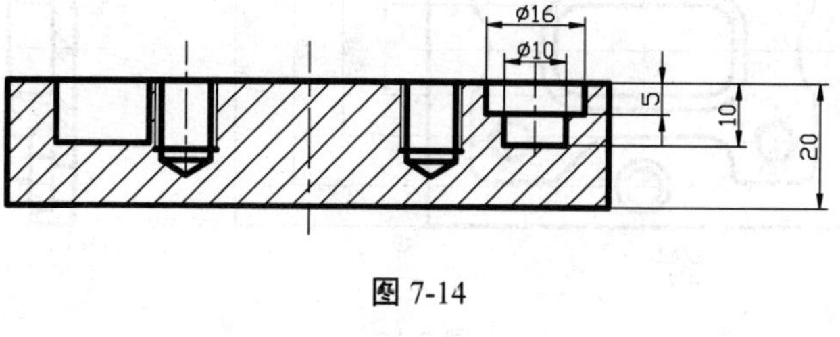

图 7-14

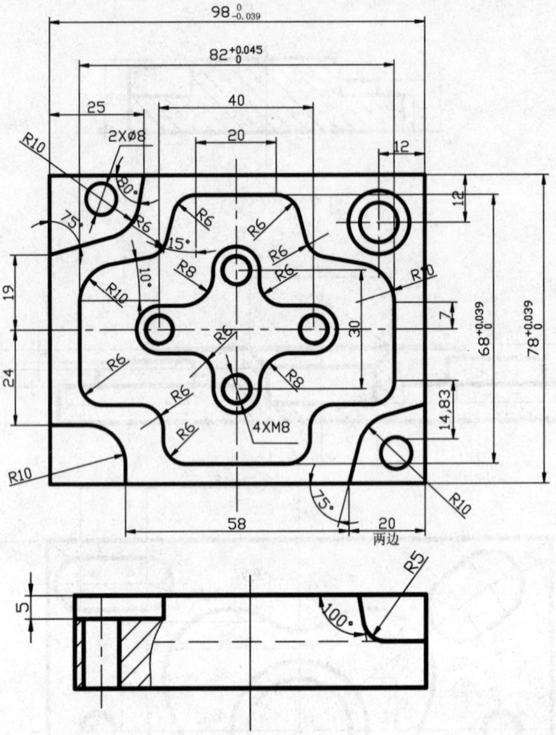
98 0 -0.039
82 +0.045 0
40
25
20
2XØ8
12
R10
80°
75°
R6
15°
10°
R8
R10
30
7
19
24
14,83
68 +0.039 0
78 +0.039 0
4XM8
R10
75°
58
20
两边
R5
5
100°

图 7-14（续）

（4）

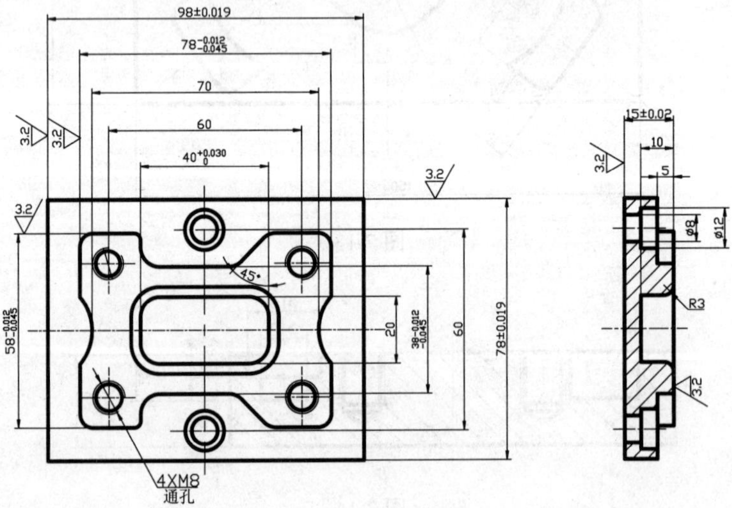
98±0.019
78 -0.012 -0.045
70
60
40 +0.030 0
3.2
45°
58 -0.012 -0.045
20
38 -0.012 -0.045
60
78±0.019
4XM8
通孔
15±0.02
10
5
Ø8
Ø12
R3

图 7-15

（5）

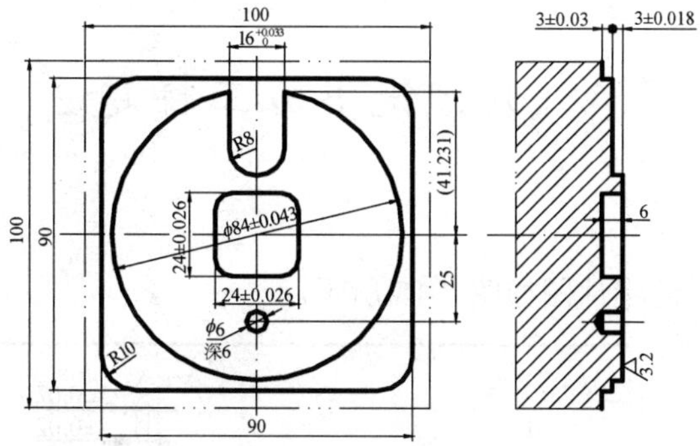
100
3±0.03
3±0.018
R8
(41.231)
6
φ84±0.043
24±0.026
100
90
25
24±0.026
φ6
深6
R10
3.2
90

图 7-16

（6）

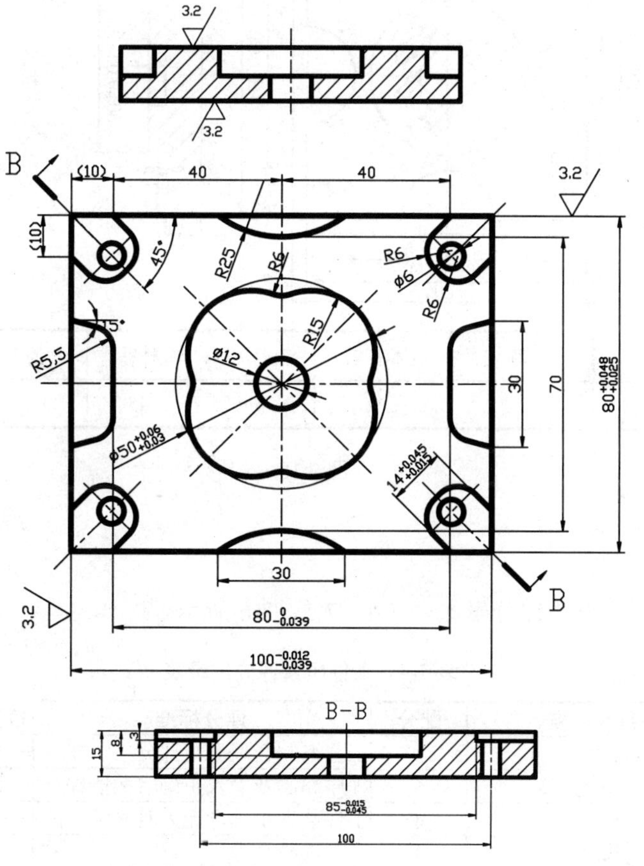
3.2
3.2
B
(10)
40
40
3.2
(10)
45°
R25
R6
R6
φ6
R6
15°
R15
R5.5
φ12
30
70
B
3.2
30
B-B
15
8
3
100

图 7-17

7.4　数控铣中级工样题 2

7.4.1　零件图

数控铣中级工样题 2 的零件图如图 7-18 所示。

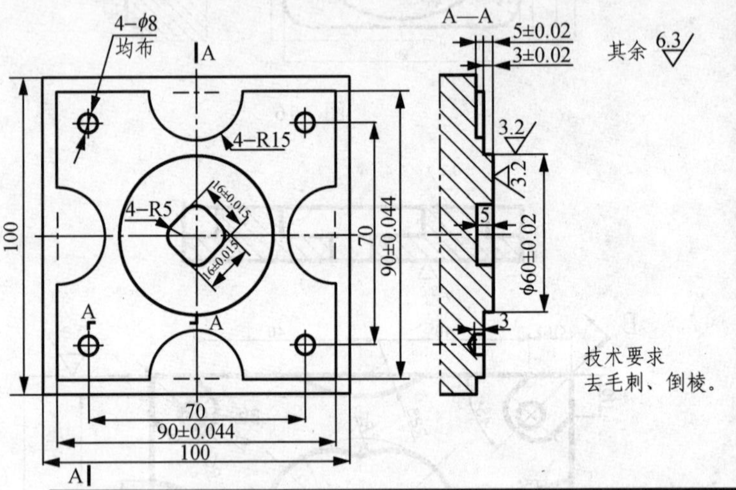

名称	技术等级	工时定额	材料	数量	图号
衬板	中级	3h	45	1	02

图 7.18

7.4.2　评分表

数控铣中级工样题 2 评分表如表 7-4、7-5、7-6 所示。

表 7-4　工件质量评分记录表

序号	鉴定项目及标准		配分	评分标准	检验结果	得分	备注
1	工艺准备（20 分）	工艺编制	3	工艺编制合理酌情评分	——		
		程序编制及输入	6	程序编制及输入正确，酌情评分	——		
		工件装夹	4	工件装夹正确，无人身设备事故	——		
		刀具选择	4	刀具选择合理	——		
		切削用量选择	3	切削用量选择合理	——		

（续表）

序号	鉴定项目及标准			配分	评分标准	检验结果	得分	备注
2	工件加工（60 分）	用试切法对刀		5	能用试切法对刀	——		
		工件质量（55 分）	90±0.044	10	超差 0.005 不扣，每超差 0.01 扣 1 分			
			16±0.015	6	超差全扣			
			Φ50±0.02	6	超差全扣			
			5±0.02	5	超差全扣			
			3±0.02	5	每孔超差扣 1.5 分			
			70	4	超差全扣			
			3	4	超差全扣			
			5	4	超差全扣			
			4-R15	3	超差全扣			
			4-R5	2	超差全扣			
			4-Φ5	3	超差全扣			
			粗糙度 3.2	3	降一级扣 2 分，降两级不得分			
3	时间扣分	每超时 3 分钟扣 1 分						
合计				80				

表 7-5　工具、设备的使用与维护评分记录表

序号	鉴定范围	鉴定项目	配分	考场表现	得 分
1	工具使用与维护	合理使用常用工具	2		
2		合理使用常用刀具			
3		合理使用及正确保养常用夹具	1		
4		合理使用及正确保养组合夹具	2		
5	设备使用与维护	正确操作自用设备	1		
6		爱护电器设备	1		
7		能及时发现设备故障并爱护电器设施	1		
8		按要求润滑设备	1		
9		按规定维护保养设备	1		
合　计			10		

表 7-6　安全及其他评分记录表

序号	鉴定范围	鉴 定 项 目	配分	考场表现	得 分
1	安全	严格执行数控铣工安全操作规程	2		
2		严格执行砂轮机安全操作规程	1		
3		严格执行有关安全生产的各项制度、规定	2		
4	其他	按定置管理规定及要求，整齐摆放工件	1		
5		按定置管理规定及要求，整齐摆放工、刀、量具	1		
6		按文明生产规定，工作完毕，打扫干净工作场地	3		
合　计			10		

7.4.3 考核目标及操作提示

1. 考核目标

（1）掌握内槽加工的方法；
（2）能使用刀具半径补偿功能对外轮廓进行编程和铣削；
（3）掌握钻孔指令的用法。

2. 加工操作提示

（1）加工准备。
① 认真阅读零件图 7-19，并检查坯料的尺寸；
② 编制加工程序，输入程序并选择该程序；
③ 用平口钳装夹工件，伸出钳口 10 mm 左右；
④ 安装寻边器，确定工件零点为坯料上表面的中心，设定零点偏置；
⑤ 安装 Φ16 mm 三刃立铣刀并对刀，设定刀具参数，选择自动加工方式。
（2）粗铣正方形外轮廓和圆柱凸台。
① 粗铣正方形外轮廓。分两层粗细 90 mm×90 mm×5 mm 外轮廓，留 0.5 mm 单边余量。
② 粗铣圆柱凸台。粗铣留 0.5 mm 单边余量。
（3）半精铣正方外轮廓和圆柱凸台。
① 用 Φ16 mm 三刃立铣刀半精铣正方形外轮廓，留 0.1 mm 单边余量；
② 半精铣圆柱凸台，留 0.1 mm 单边余量。
（4）精铣正方形外轮廓和圆柱凸台。
① 实测工件尺寸，调整刀具补偿参数，精铣正方外轮廓并达到尺寸要求；
② 实测工件尺寸，调整刀具补偿参数，精铣圆柱凸台并达到尺寸要求。
（5）铣 16 mm×16mm 方槽。
① 安装 Φ8 mm 键槽铣刀，粗铣 16 mm×16 mm 方槽，留 0.5 mm 单边余量。
② 半精铣 16 mm×16 mm 方槽，留 0.1 mm 单边余量。
③ 精铣 16 mm×16 mm 方槽。
（6）钻孔。
① 安装 Φ3 中心钻钻中心孔。
② 安装 Φ6 麻花钻钻孔。

3. 注意事项

（1）使用寻边器确定工件零点时应采用碰双边法；
（2）精铣时采用顺铣法，以提高表面加工质量，铣外轮廓时的走刀方向与走内轮廓时的走刀方向应该相反。

（3）垂直进刀时，应避免立铣刀直接切削工件；铣削加工时，铣刀应尽量沿轮廓切向进刀和退刀。

4. 编程、操作加工时间

（1）编程时间：60 min（占总分 30%）；
（2）操作时间：120 min（占总分 70%）。

7.4.4　程序示范（华中世纪星 22M）

粗铣、半精铣和精铣时使用同一加工程序，只需调整刀具参数分 3 次调用相同的程序进行加工即可。

1. 铣外部轮廓

```
% 1
G54G90G00Z100
X0Y0
M3S1000
X-45Y-65
Z5                                          为提高效率，Z 值可以再小一点
G01Z-5F100
G41D1X-45Y-60
Y-15
G03Y15R15
G01Y45
X-15
G03X15R15
G01X45
Y15
G03Y-15R15
G01Y-45
X15
G03X-15R15
G01X-60
G00Z100
G40X0Y0
```

```
X-30Y-65
Z5
G01Z-3F100
G41D1X-30Y-60
Y0
G02I30
G01Y60
G00Z100
G40X0Y0
M30
```

2. 铣圆形凸台

```
%1
G54G90G00Z100
X0Y0
M3S1000
X-25Y-65
Z5
G01Z-5F100
G41D1X-25Y-60      可以通过改变 D1 的补偿值来去除圆台周围的余量
Y0
G02I25
G01Y60
G00Z100
G40X0Y0
M30
```

7.4.5 练习题

加工图 7-19、7-20 所示零件。

（1）

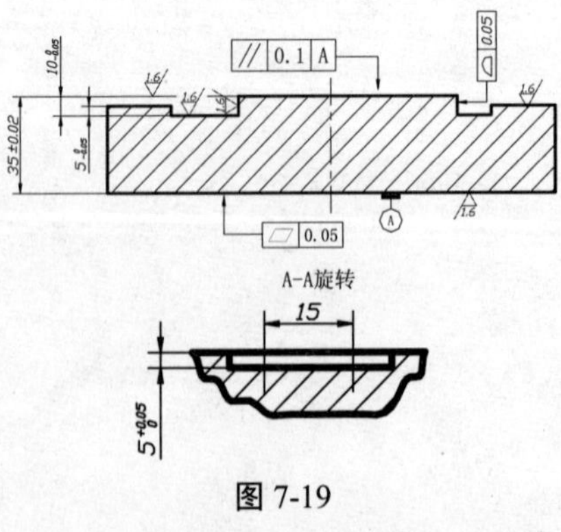

图 7-19

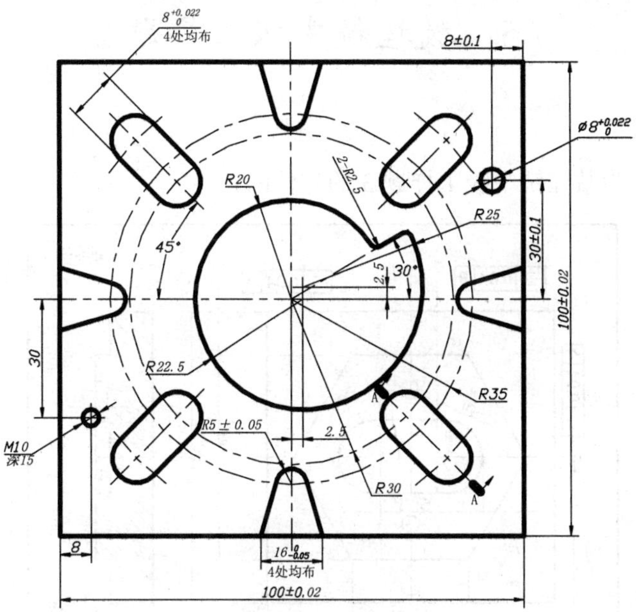

图 7-19（续）

（2）

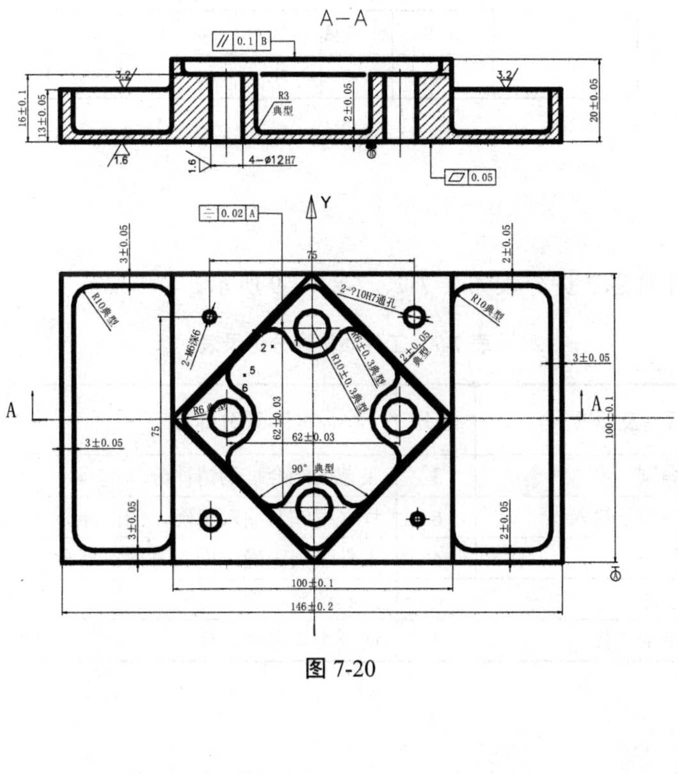

图 7-20

7.5 数控铣中级工样题 3

7.5.1 零件图

如图 7-21 所示为数控铣中级工样题 3 的零件图。

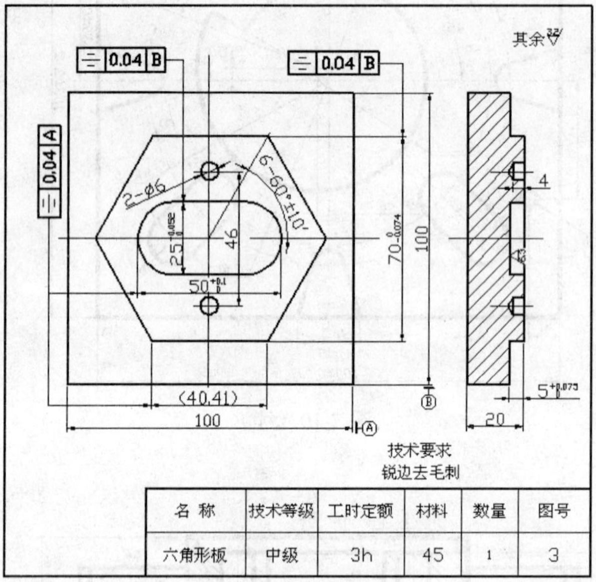

图 7-21

7.5.2 评分表

数控铣中级工样题 3 评分表如表 7-7、7-8、7-9 所示。

表 7-7 工件质量评分记录表

序号	鉴定项目及标准		配分	评分标准	检验结果	得分	备注
1	工艺准备（20分）	工艺编制	3	工艺编制合理酌情评分	———		
		程序编制及输入	6	程序编制及输入正确，酌情评分	———		
		工件装夹	4	工件装夹正确，无人身设备事故	———		
		刀具选择	4	刀具选择合理	———		
		切削用量选择	3	切削用量选择合理	———		

（续表）

序号	鉴定项目及标准			配分	评分标准	检验结果	得分	备注
2	工件加工（60分）	用试切法对刀		5	能用试切法对刀	————		
		工件质量（55分）	$70_{-0.074}^{0}$	6	超差全扣			
			$50_{0}^{+0.1}$	6	超差全扣			
			$25_{0}^{+0.052}$	6	超差全扣			
			$5_{0}^{+0.075}$	6	超差全扣			
			3±0.02	6	超差全扣			
			70	4	超差全扣			
			4	3	超差全扣			
			6-60° ±10′	3	超差全扣			
			20	3	超差全扣			
			2-Φ6	3	超差全扣			
			⌯ 0.04 A	3	超差全扣			
			⌯ 0.04 B	3	超差全扣			
			粗糙度 3.2	3	降一级扣 2 分，降两级不得分			
3	时间扣分	每超时 3 分钟扣 1 分						
合计				80				

表 7-8　工具、设备的使用与维护评分记录表

序号	鉴定范围	鉴定项目	配分	考场表现	得 分
1	工具使用与维护	合理使用常用工具	2		
2		合理使用常用刀具			
3		合理使用及正确保养常用夹具	1		
4		合理使用及正确保养组合夹具	2		
5	设备使用与维护	正确操作自用设备	1		
6		爱护电器设备	1		
7		能及时发现设备故障并爱护电器设施	1		
8		按要求润滑设备	1		
9		按规定维护保养设备	1		
合　　计			10		

表 7-9 安全及其他评分记录表

序号	鉴定范围	鉴 定 项 目	配分	考场表现	得 分
1	安全	严格执行数控铣工安全操作规程	2		
2		严格执行砂轮机安全操作规程	1		
3		严格执行有关安全生产的各项制度、规定	2		
4	其他	按定置管理规定及要求，整齐摆放工件	1		
5		按定置管理规定及要求，整齐摆放工、刀、量具	1		
6		按文明生产规定，工作完毕，打扫干净工作场地	3		
合 计			10		

7.5.3 考核目标及操作提示

1. 考核目标

（1）掌握旋转指令的用法；

（2）能使用刀具半径补偿功能对外轮廓进行编程和铣削；

（3）掌握钻孔指令及控制轮廓尺寸精度的方法。

2. 加工操作提示

（1）加工准备。

① 认真阅读零件图 7-21，并检查坯料的尺寸；

② 编制加工程序，输入程序并选择该程序；

③ 用平口钳装夹工件，伸出钳口 8 mm 左右；

④ 安装寻边器，确定工件零点为坯料上表面的中心，设定零点偏置；

⑤ 安装 Φ16 立铣刀并对刀，设定刀具参数，选择自动加工方式。

（2）粗铣六角形凸台。粗铣留 0.5 mm 单边余量。

（3）铣键槽。

① 安装 Φ16 mm 键槽铣刀并对刀，设定刀具参数，粗铣键槽，留 0.5 mm 单边余量；

② 安装 Φ16 mm 精立铣刀并对刀，设定刀具参数，半精铣键槽，留 0.10 mm 单边余量；

③ 实测工件尺寸，调整刀具参数，精铣键槽至要求尺寸。

（4）半精铣和精铣六角形凸台。

① 安装 Φ20 mm 精立铣刀并对刀，设定刀具参数，半精铣六角形凸台，留 0.10 mm 单边余量；

② 实测工件尺寸，调整刀具参数，精铣六角形凸台至要求尺寸。

（5）钻孔。

① 安装 Φ3 mm 中心钻并对刀，各钻深 2.5 mm 的两个中心孔；

② 安装 Φ6 mm 麻花钻并对刀，钻两孔并至要求尺寸。

3. 注意事项

（1）使用寻边器确定工件坐标零点时应采用碰双边法；

（2）精铣时采用顺铣法，以提高表面加工质量；

（3）应根据加工情况随时调整进给和主轴转速倍率开关；

（4）键槽铣刀的垂直进给量不能太大，约为平面进给量的 1/2~1/3。

4. 编程、操作加工时间

（1）编程时间：60 min；

（2）操作时间：120 min。

7.5.4　程序示范（华中世纪星 22M）

粗铣、半精铣和精铣时使用同一加工程序，只需调整刀具参数分 3 次调用相同的程序进行加工即可。

（1）铣外部轮廓

```
% 1
G54G90G00Z100
X0Y0
M3S1000
X65Y-35
Z2
G01Z-2.5F30
G41D1X60Y-35F100
X-41
Y35
X41
Y-35
G00Z2
G40X65
G41D1X60Y-35
G01Z-5F30
X-41F100
```

```
Y35
X33.23
Y-28.27
G00Z2
G40X65
G41D1X20.57Y-28.27F200
G01Z-2.5F30
X-20.57F100
Y-29.72Y10.8
X0Y35
Y29.72Y10.8
X0Y35
X29.72Y10.8
X20.57Y-28.27
G00Z2
G40X65
G41D1X20.57Y-28.27F200
G01Z-2.5F30
X-20.57F100
Y-29.72Y10.8
X0Y35
Y29.72Y10.8
X0Y35
X29.72Y10.8
X20.57Y-28.27
G00Z100
G40X0Y0
M30
```

（2）铣键槽主程序

```
% 1
G54G00G90Z100
X0Y0
M3S600
Z2
G01Z-5F60
G41D1X10Y2.5
```

```
G03X0Y12.5R10
G01X-12.5
G03Y-12.5R12.5
G01X12.5
G03Y12.5R12.5
G01X0
G03X-10Y2.5R10
G00Z100
G40X0Y0
M30
```

（3）钻孔程序

① 钻中心孔

```
% 1
G54G00G90Z100
X0Y0
M3S1500
G99G81X0Y23Z-2.5R2F50
Y-23
G80G00Z100
X0Y0
M30
```

② 钻孔

```
% 1
G54G00G90Z100
X0Y0
M3S1000
G99G81X0Y23Z-5.732R2F50
Y-23
G80G00Z100
X0Y0
M30
```

7.5.5 练习题

加工图 7-22～7-26 所示零件。

（1）

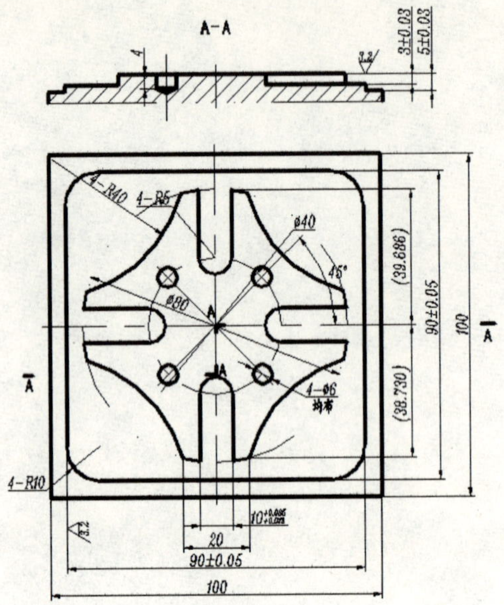
A-A
3±0.03
5±0.03
3.2
4
4-R40
4-R5
ø40
45°
ø80
4-ø6
均布
(39.686)
(38.730)
90±0.05
100
A
4-R10
3.2
20
90±0.05
100

图 7-22

（2）

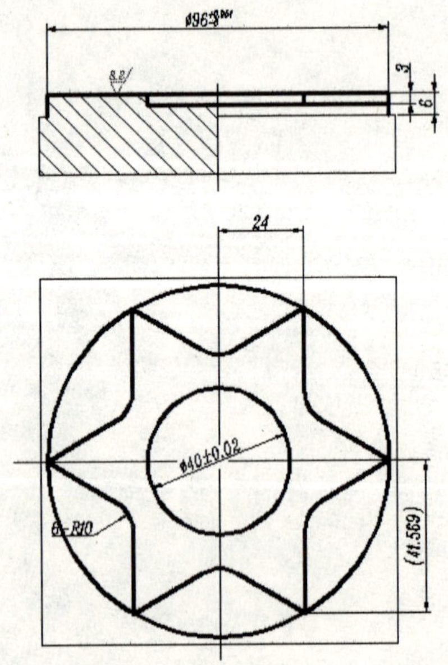
3.2
3
6
24
ø40±0.02
6-R10
(41.569)

图 7-23

（3）

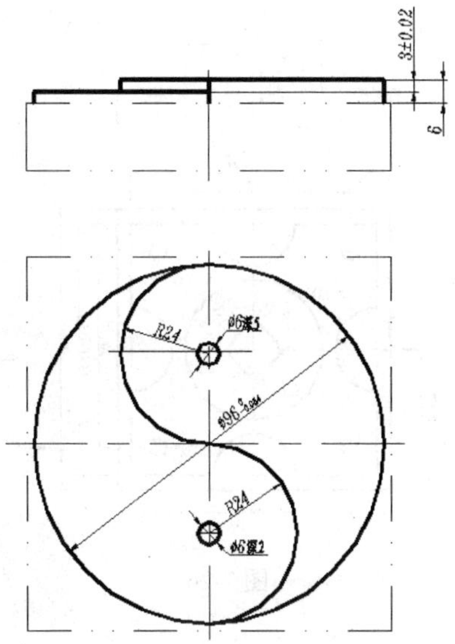

图 7-24

（4）

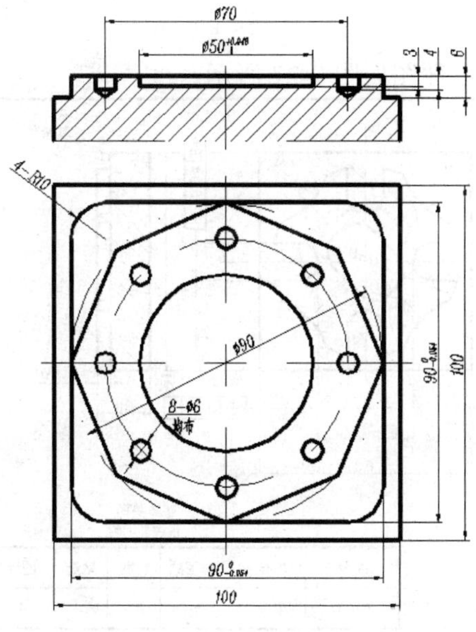

图 7-25

（5）

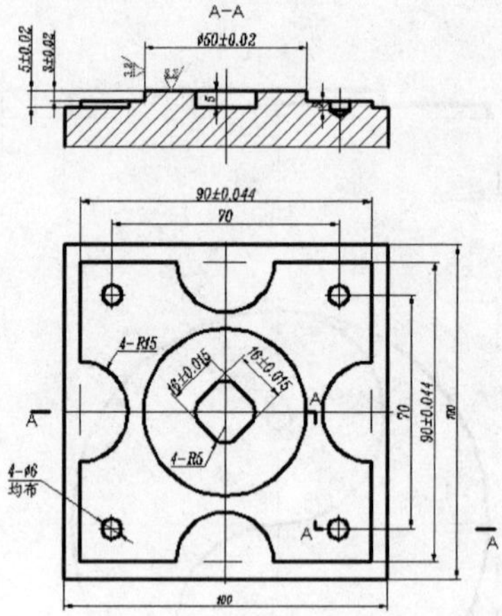

图 7-26

7.6 数控铣中级工样题 4

7.6.1 零件图

数控铣中级工样题 4 的零件图如图 7-27 所示。

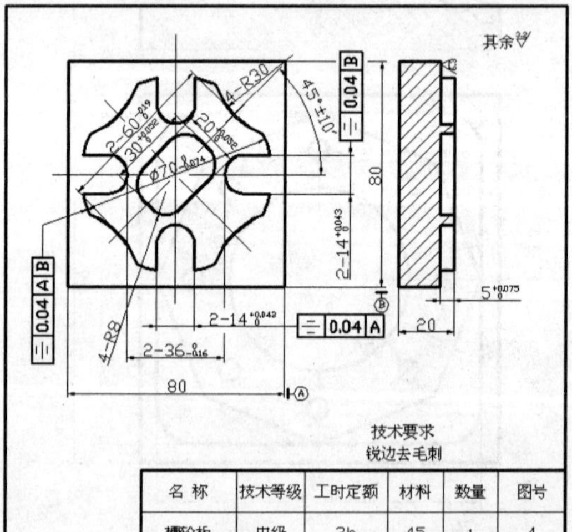

图 7-27

7.6.2　评分表

数控铣中级工样题 4 评分表如表 7-10、7-11、7-12 所示。

表 7-10　工件质量评分记录表

序号	鉴定项目及标准			配分	评分标准	检验结果	得分	备注
1	工艺准备（20 分）	工艺编制		3	工艺编制合理酌情评分	——		
		程序编制及输入		6	程序编制及输入正确，酌情评分	——		
1	工艺准备（20 分）	工件装夹		4	工件装夹正确，无人身设备事故	——		
		刀具选择		4	刀具选择合理	——		
		切削用量选择		3	切削用量选择合理	——		
2	工件加工（60 分）	用试切法对刀		5	能用试切法对刀。	——		
		工件质量（55 分）	2×80	5	超差 0.005 不扣，每超差 0.01 扣 1 分			
			2-36$^{0}_{-0.16}$	5	超差全扣			
			4-14$^{+0.043}_{0}$	5	超差全扣			
			Φ70$^{0}_{-0.074}$	5	超差全扣			
			30$^{+0.052}_{0}$	5	每孔超差扣 1.5 分			
			20$^{+0.052}_{0}$	5	超差全扣			
			2-60$^{-0.19}_{0}$	5				
			5$^{+0.075}_{0}$	4				
			20	2	超差全扣			
			4-R8	2				
			4-R30	2				
			45° ±10′	2				
			⌯ 0.04 A	2				
			⌯ 0.04 B	2				
			⌯ 0.04 A B	2				
			粗糙度 3.2	2	降一级扣 1 分，降两级不得分			
3	时间扣分	每超时 3 分钟扣 1 分						
合计				80				

表 7-11 工具、设备的使用与维护评分记录表

序号	鉴定范围	鉴定项目	配分	考场表现	得分
1	工具使用与维护	合理使用常用工具	2		
2		合理使用常用刀具			
3		合理使用及正确保养常用夹具	1		
4		合理使用及正确保养组合夹具	2		
5	设备使用与维护	正确操作自用设备	1		
6		爱护电器设备	1		
7		能及时发现设备故障并爱护电器设施	1		
8		按要求润滑设备	1		
9		按规定维护保养设备	1		
合计			10		

表 7-12 安全及其他评分记录表

序号	鉴定范围	鉴定项目	配分	考场表现	得分
1	安全	严格执行数控铣工安全操作规程	2		
2		严格执行砂轮机安全操作规程	1		
3		严格执行有关安全生产的各项制度、规定	2		
4	其他	按定置管理规定及要求，整齐摆放工件	1		
5		按定置管理规定及要求，整齐摆放工、刀、量具	1		
6		按文明生产规定，工作完毕，打扫干净工作场地	3		
合计			10		

7.6.3 考核目标及操作提示

1. 考核目标

（1）能调整刀具参数粗、精铣轮廓；

（2）能使用坐标系旋转指令编制程序；

（3）能使用子程序对矩形槽、凹圆弧和半圆形槽进行编程和铣削。

2. 加工操作提示

（1）加工准备

① 认真阅读零件图 7-27，检查坯料的尺寸；

② 编制加工程序，输入程序并选择该程序；

③ 用平口钳装夹工件，伸出钳口 8 mm 左右，用百分表找正；
④ 安装寻边器，确定工件零点为坯料上表面的中心，设定零点偏置；
⑤ 安装 Φ20 mm 粗立铣刀并对刀，设定刀具参数，选择自动加工方式。
（2）粗铣圆柱外轮廓和凹圆弧。
① 粗铣圆柱外轮廓，留 0.50 mm 单边余量；
② 粗铣 4-Φ30 凹圆弧，留 0.50 mm 单边余量。
（3）半精铣、精铣圆柱外轮廓和凹圆弧。
① 安装 Φ20 mm 精立铣刀并对刀，设定刀具参数，半精铣圆柱外轮廓和凹圆弧，留 0.10 mm 单边余量；
② 实测工件尺寸，调整刀具参数，精铣圆柱外轮廓和凹圆弧至要求尺寸。
（4）铣半圆形槽。
① 安装 Φ12 mm 粗立铣刀并对刀，设定刀具参数，选择程序，粗铣各槽，留 0.50 mm 单边余量；
② 安装 Φ12 mm 精立铣刀并对刀，设定刀具参数，半精铣各槽，留 0.10 mm 单边余量；
③ 实测工件尺寸，调整刀具参数，精铣各半圆形槽至要求尺寸。
（5）铣矩形槽。
① 安装 Φ12 mm 键槽铣刀并对刀，设定刀具参数，选择程序，粗铣矩形槽，留 0.50 mm 单边余量；
② 安装 Φ12 mm 精立铣刀并对刀，设定刀具参数，半精铣矩形槽，留 0.10 mm 单边余量；
③ 实测矩形槽的尺寸，调整刀具参数，精铣矩形槽至要求尺寸。

3. 注意事项

（1）使用寻边器确定工件零点时应采用碰双边法；
（2）精铣时应采用顺铣法，以提高尺寸精度和表面质量；
（3）铣削矩形槽时，不能直接用 Φ12 mm 立铣刀垂直铣削进刀；

4. 编程、操作加工时间

（1）编程时间：60 min；
（2）操作时间：120 min。

7.6.4　程序示范（华中世纪星 22M）

粗铣、半精铣和精铣时使用同一加工程序，只需调整刀具参数分 3 次调用相同的程序进行加工即可。精加工时换 Φ20 mm 和 Φ12 mm 精立铣刀。

（1）铣圆柱体外轮廓和凹圆弧主程序

```
% 1
G54G00G90Z100
X0Y0
M3S600
X52Y-46
Z2
G01Z-5F200
G41D1X40Y-36F80
X-36
Y36
X36
Y-36
G00Z2
G40X52Y-45.5
G01Z-5F200
G41D1X40Y-35
X0
G02J35
G00Z2
G40X20Y-45.5
G68X0Y0P45
M98P10
G68X0Y0P135
M98P10
G68X0Y0P225
M98P10
G68X0Y0P315
M98P10
G69
G00Z100
M05
M00
G55G00Z100
X0Y0
M03S800
G0Z5
```

```
M98P20
G68X0Y0P90
M98P20
G68X0Y0P180
M98P20
G68X0Y0P270
M98P20
G69
G00Z100
M05
M00
G56G00Z100
X0Y0
M3S800
G0Z5
G68X0Y0P45
M98P30
G69
G00Z100
X0Y0
M5
M30
```

（2）铣凹圆弧子程序

```
% 10
G42D1G0X32.709Y-12.457
G01Z-5F30
G02X32.709Y-12.457R30
G00Z2
G40X50Y0
M99
```

（3）铣半圆形槽子程序

```
% 20
G01Z-5F100
G41G01D1X36Y7F80
X25
G03X25Y-7R7
G01X36
G00Z1
G40G0048Y0
M99
```

（4）铣矩形槽子程序

```
% 30
G01Z-5F30
G41D1X15Y2F60
G03X7Y10R8
G01X-7
G03X-15Y2R8
G01Y-2
G03X-7Y-10R8
G01X7
G03X15Y-2R8
G01Y2
G00Z2
G40X0Y0
M99
```

7.6.5 练习题

加工图 7-28、7-29、7-30 所示零件。

（1）

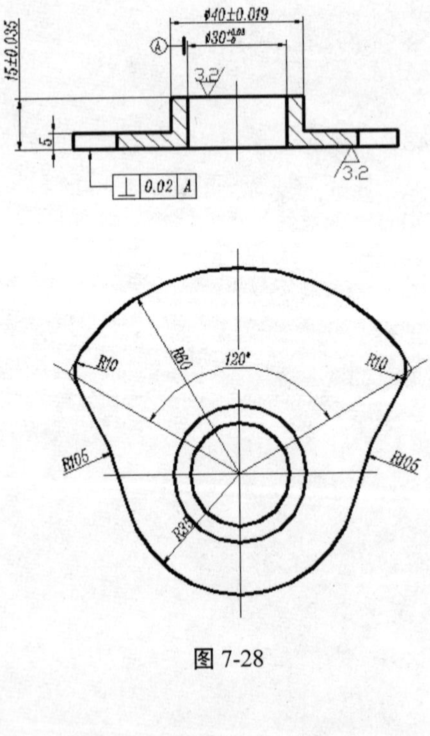

图 7-28

（2）

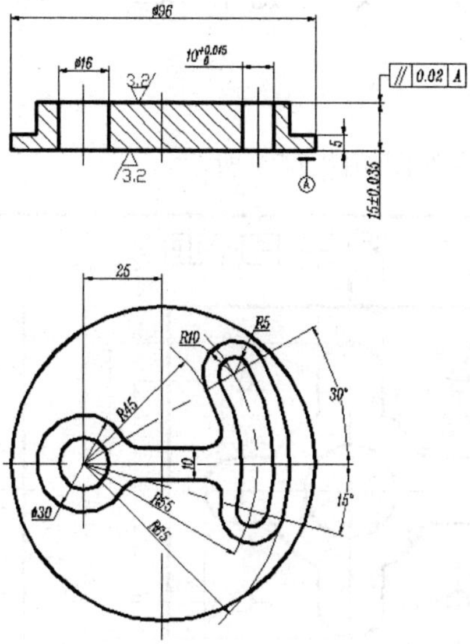
ϕ96
ϕ16
$10^{+0.015}_{0}$
3.2
0.02 A
5
15±0.035
A
3.2
25
R10
R5
30°
R45
10
15°
R55
R65
ϕ30

图 7-29

（3）

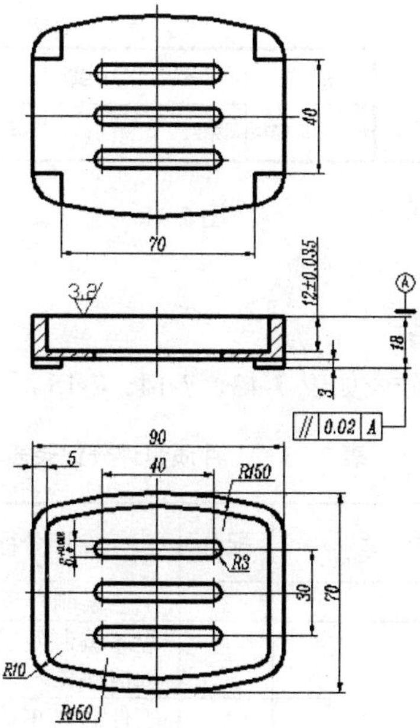
40
70
12±0.035
A
3.2
18
3
0.02 A
90
5
40
R150
R3
30
70
R10
R150

图 7-30

7.7 数控铣中级工样题 5

7.7.1 零件图

数控铣中级工样题 5 的零件图如图 7-31 所示。

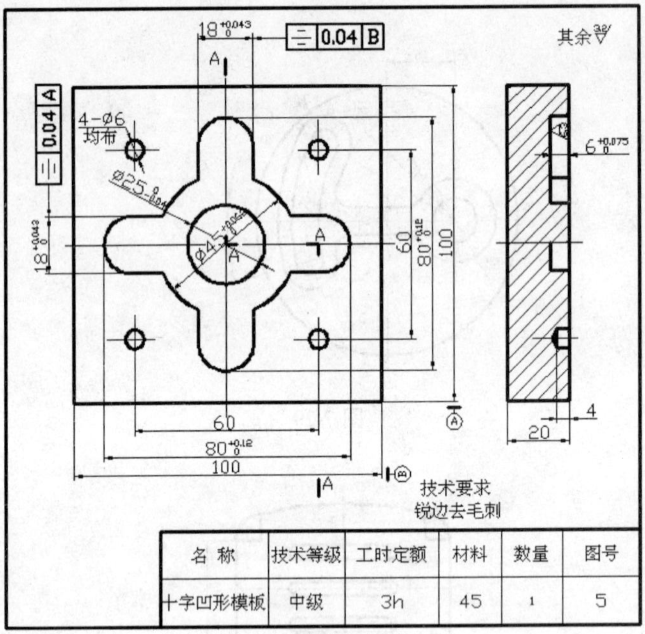

图 7-31

7.7.2 评分表

数控铣中级工样题 5 评分表如表 7-13、7-14、7-15 所示。

表 7-13 工件质量评分记录表

序号	鉴定项目及标准		配分	评分标准	检验结果	得分	备注
1	工艺准备（20 分）	工艺编制	3	工艺编制合理酌情评分	————		
		程序编制及输入	6	程序编制及输入正确，酌情评分	————		
		工件装夹	4	工件装夹正确，无人身设备事故	————		

（续表）

序号	鉴定项目及标准			配分	评分标准	检验结果	得分	备注
1	工艺准备（20 分	刀具选择		4	刀具选择合理	————		
		切削用量选择		3	切削用量选择合理	————		
2	工件加工（60 分）	用试切法对刀		5	能用试切法对刀	————		
		工件质量（55 分）	$80^{+0.12}_{0}$	6	超差 0.005 不扣，每超差 0.01 扣 1 分			
			60	4	超差全扣			
			$\Phi 45^{+0.062}_{0}$	6	超差全扣			
			$18^{+0.043}_{0}$	4	超差全扣			
			$\Phi 25^{0}_{-0.04}$	6	超差全扣			
			$6^{+0.075}_{0}$	6	每孔超差扣 1.5 分			
			4	3	超差全扣			
			20	3				
			4-Φ6	8				
			⌯ 0.04 A	2				
			⌯ 0.04 B	2				
			粗糙度 3.2	1	降一级扣 2.5 分，降两级不得分			
3	时间扣分	每超时 3 分钟扣 1 分						
	合计			80				

表 7-14　工具、设备的使用与维护评分记录表

序号	鉴定范围	鉴定项目	配分	考场表现	得 分
1	工具使用与维护	合理使用常用工具	2		
2		合理使用常用刀具			
3		合理使用及正确保养常用夹具	1		

（续表）

序号	鉴定范围	鉴定项目	配分	考场表现	得 分
4		合理使用及正确保养组合夹具	2		
5	设备使用与维护	正确操作自用设备	1		
6		爱护电器设备	1		
7		能及时发现设备故障并爱护电器设施	1		
8		按要求润滑设备	1		
9		按规定维护保养设备	1		
合　计			10		

表 7-15　安全及其他评分记录表

序号	鉴定范围	鉴 定 项 目	配分	考场表现	得分
1	安全	严格执行数控铣工安全操作规程	2		
2		严格执行砂轮机安全操作规程	1		
3		严格执行有关安全生产的各项制度、规定	2		
4	其他	按定置管理规定及要求，整齐摆放工件	1		
5		按定置管理规定及要求，整齐摆放工、刀、量具	1		
6		按文明生产规定，工作完毕，打扫干净工作场地	3		
合　计			10		

7.7.3　考核目标及操作提示

1. 考核目标

（1）能使用坐标系旋转指令编程程序；
（2）能编制和调用子程序铣削工件；
（3）能对圆槽进行编程和铣削；
（4）能使用镗削循环编制程序和调节镗刀加工内孔。

2. 加工操作提示

（1）加工准备
① 认真阅读零件图 7-31，并检查坯料的尺寸；
② 编制加工程序，输入程序并选择该程序；
③ 用平口钳装夹工件，伸出钳口 8 mm 左右，用百分表找正；

④ 安装寻边器，确定工件零点为坯料上表面的中心，设定零点偏置；

⑤ 安装 Φ3 的中心钻并对刀，设定刀具参数，选择自动加工方式。

（2）铣圆槽轮廓及十字形槽

① 安装 Φ8 mm 键槽铣刀并对刀，设定刀具参数，选择程序，粗铣圆槽，留 0.50 mm 单边余量；

② 安装 Φ8 mm 精立铣刀并对刀，设定刀具参数，半精铣圆槽，留 0.10 mm 单边余量；

③ 实测工件尺寸，调整刀具参数，精铣各槽至要求尺寸。

（4）铣圆柱

① 安装 Φ8 mm 键槽铣刀并对刀，设定刀具参数，选择程序，粗铣圆槽，留 0.50 mm 单边余量；

② 安装 Φ8 mm 精立铣刀并对刀，设定刀具参数，半精铣圆槽，留 0.10 mm 单边余量；

③ 实测工件尺寸，调整刀具参数，精铣各槽至要求尺寸。

（3）钻孔

① 安装 Φ3 mm 中心钻并对刀，各钻深 2.5 mm 的两个中心孔；

② 安装 Φ6 mm 麻花钻并对刀，钻两孔并至要求尺寸。

3. 注意事项

（1）使用寻边器确定工件零件时应采用碰双边法；

（2）精铣时应采用顺铣法，以提高尺寸精度和表面质量；

（3）在铣十字形槽时很容易造成过切，绝对要避免。

4. 编程、操作加工时间

（1）编程时间：90 min；

（2）操作时间：150 min。

7.7.4 程序示范（华中世纪星 22M）

粗铣、半精铣和精铣时使用同一加工程序，只需调整刀具参数分 3 次调用相同的程序进行加工即可。精加工时换 Φ16 mm 精立铣刀。

（1）铣圆形槽和十字形槽主程序

```
% 1
G54G00G90Z100
X0Y0
M3S600
```

```
M98P10
G68X0Y0P90
M98P10
G68X0Y0P180
M98P10
G68X0Y0P270
M98P10
G69
G00Z100
X0Y0
M30
```

（2）铣十字形槽子程序

```
% 10
G00X0Y-20
G01Z-6F100
G41G01X9Y-20F50
G01Y-31
G03X9Y-31R9
G01Y-20.622
G03X-22.5Y0R22.5
G00Z2
G40X0Y-20
M99
```

（3）铣圆柱

```
% 1
G54G00G90Z100
X0Y0
M3S600
X-18Y0
Z2
G01Z-6F60
G41D1X12.5Y0
```

```
G02I12.5
G02X0Y12.5R12.5
G00Z100
G40X0Y0
M30
```

（4）钻孔程序

① 钻中心孔

```
% 1
G54G00G90Z100
X0Y0
M3S1500
G99G81X30Y30Z-2.5R2F50
X-30
Y-30
X30
G80G00Z100
X0Y0
M30
```

② 钻孔

```
% 1
G54G00G90Z100
X0Y0
M3S1000
G99G81X30Y30Z-2.5R2F50
X-30
Y-30
X30
G80G00Z100
X0Y0
M30
```

7.7.5　练习题

加工图 7-32、7-33 所示零件。

（1）

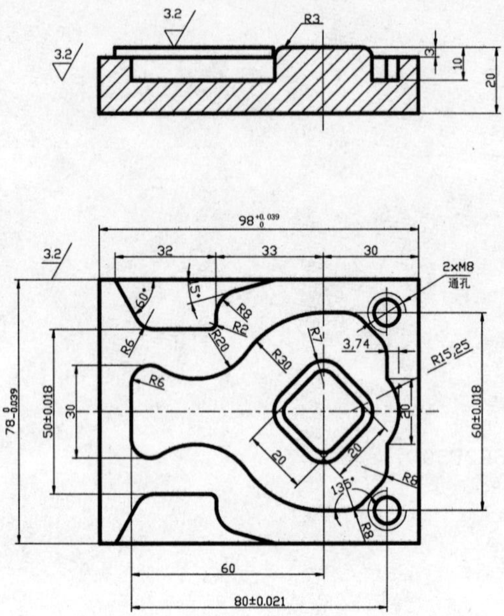

图 7-32

（2）

A-A

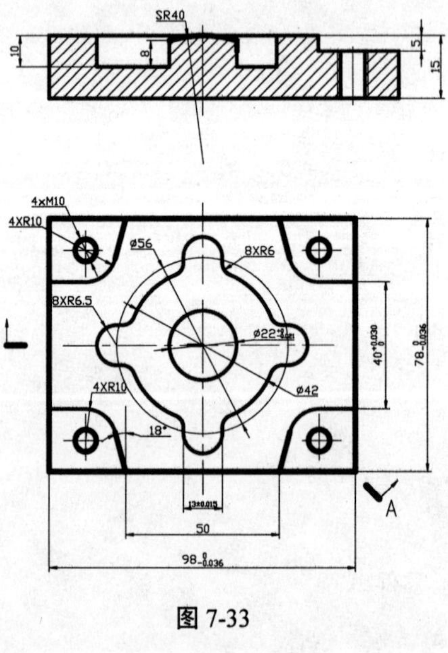

图 7-33

第 8 章　数控铣床高级工操作培训进阶

8.1　数控铣高级工样题 1

8.1.1　零件图

数控铣高级工样题 1 的零件图如图 8-1 所示。

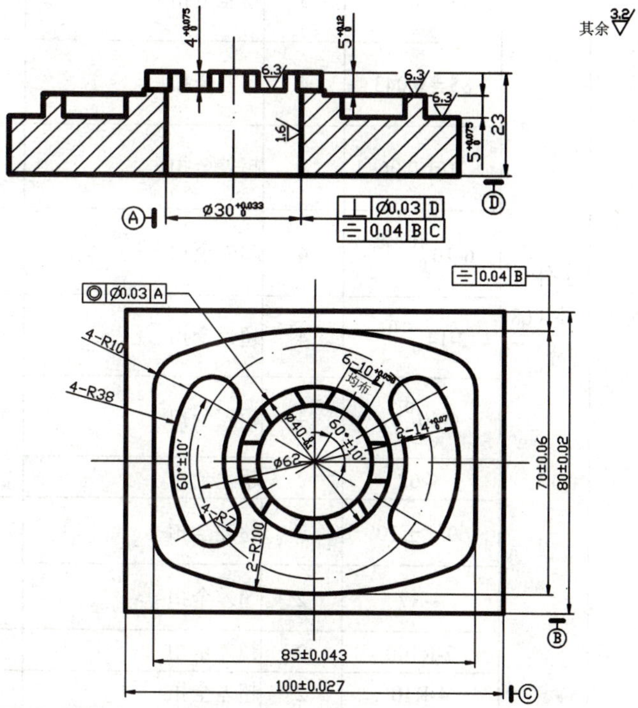

图 8-1

8.1.2　评分表

数控铣高级工样题 1 评分表如表 8-1、8-2、8-3 所示。

表 8-1 工件质量评分记录表

序号	鉴定项目及标准			配分	评分标准	检验结果	得分	备注
1	工艺准备（10 分）	工艺编制		2	工艺编制合理酌情评分	—		
		程序编制及输入		4	程序编制及输入正确，酌情评分	—		
		工件装夹		1	工件装夹正确，无人身设备事故	—		
		刀具选择		1	刀具选择合理	—		
		切削用量选择		2	切削用量选择合理	—		
2	工件加工（70 分）	用试切法对刀		2	能用试切法对刀	—		
		工件质量（68 分）	100±0.027	3	超差全扣			
			80±0.02	3	超差全扣			
			85±0.043	4	超差全扣			
			70±0.06	4	超差全扣			
			6-10$^{+0.058}_{0}$	4	超差全扣			
			2-14$^{+0.07}_{0}$	4	超差全扣			
			$\Phi 40^{0}_{-0.1}$	4	超差全扣			
			Φ62	2	超差全扣			
			60° ±10′	3	超差全扣			
			4-R7	2	超差全扣			
			2-R100	2	超差全扣			
			4-R10	2	超差全扣			
2	工件加工（70 分）	工件质量（68 分）	4-R38	2	超差全扣			
			Φ30$^{+0.033}_{0}$	4	超差全扣			
			5$^{+0.075}_{0}$	4	超差全扣			
			4$^{+0.075}_{0}$	4	超差全扣			

（续表）

序号	鉴定项目及标准			配分	评分标准	检验结果	得分	备注
2	工件加工（70 分）	工件质量（68 分）	$5^{+0.12}_{0}$	3	超差全扣			
			23	2	超差全扣			
			◎ φ0.03 A	2	超差全扣			
			⌯ 0.04 B	2	超差全扣			
			⊥ φ0.03 D	2	超差全扣			
			⌯ 0.04 B C	2	超差全扣			
			粗糙度 1.6	2	降一级扣 2.5 分，降两级不得分			
			粗糙度 3.2	2	降一级扣 2.5 分，降两级不得分			
3	时间扣分	每超时 3 分钟扣 1 分						
合计				80				

表 8-2　工具、设备的使用与维护评分记录表

序号	鉴定范围	鉴 定 项 目	配分	考场表现	得 分
1	工具使用与维护	合理使用常用工具	2		
2		合理使用常用刀具			
3		合理使用及正确保养常用夹具	1		
4		合理使用及正确保养组合夹具	2		
5	设备使用与维护	正确操作自用设备	1		
6		爱护电器设备	1		
7		能及时发现设备故障并爱护电器设施	1		
8		按要求润滑设备	1		
9		按规定维护保养设备	1		
合　计			10		

表 8-3　安全及其他评分记录表

序号	鉴定范围	鉴 定 项 目	配分	考场表现	得分
1	安全	严格执行数控铣工安全操作规程	2		
2		严格执行砂轮机安全操作规程	1		
3		严格执行有关安全生产的各项制度、规定	2		
4	其他	按定置管理规定及要求，整齐摆放工件	1		
5		按定置管理规定及要求，整齐摆放工、刀、量具	1		
6		按文明生产规定，工作完毕，打扫干净工作场地	3		
合　计			10		

8.1.3 考核目标及操作提示

1. 考核目标

（1）能使用坐标系旋转指令编制程序；
（2）能使用刀具半径补偿功能对内、外轮廓进行编程和铣削；
（3）能使用镗削循环编制程序和调节镗刀加工内孔；
（4）能使用子程序编制程序。

2. 加工操作提示

（1）加工准备。
① 认真阅读零件图 8-1，检查坯料的尺寸；
② 编制加工程序，输入程序并选择该程序；
③ 用平口钳装夹工件，伸出钳口 8 mm 左右，用百分表找正；
④ 安装寻边器，确定工件零点为坯料上表面的中心，设定零点偏置；
⑤ 安装 Φ3 中心钻并对刀，设定刀具参数，选择自动加工方式。
（2）钻 Φ28 孔和工艺孔。
① 钻中心孔；
② 安装 Φ12 mm 钻头并对刀，设定刀具参数，钻通孔和工艺孔；
③ 安装 Φ28 钻头并对刀，设定刀具参数，钻通孔。
（3）铣外轮廓。安装 Φ20 mm 粗立铣刀并对刀，设定刀具参数，选择程序，粗铣外轮廓，留 0.5 mm 单边余量。
（4）铣外圆柱体。
① 选择程序，粗铣 Φ40 mm 外圆柱体，留 0.5mm 单边余量；
② 安装 Φ20 mm 精立铣刀并对刀，设定刀具参数，半精铣外轮廓和 Φ40 mm 外圆柱体，留 0.1 mm 单边余量；
③ 实测工件尺寸，调整刀具参数，精铣外轮廓和外圆柱体至要求尺寸。
（5）镗 Φ30 mm 孔。
① 安装镗刀并对刀，设定刀具参数，选择程序，粗镗孔，留 0.5 mm 单边余量；
② 调整镗刀，半精镗孔，留 0.1 mm 单边余量；
③ 测量内孔尺寸，调整镗刀，精镗孔至要求尺寸。
（6）铣两腰形槽。
① 安装 Φ12 mm 粗立铣刀并对刀，设定刀具参数，选择程序，粗铣两腰形槽，留 0.5 mm 单边余量；
② 安装 Φ12 mm 精立铣刀并对刀，设定刀具参数，半精铣两腰形槽，留 0.1 mm 单边余量；

③ 测量两腰形槽尺寸，调整刀具参数，精铣腰形槽至要求尺寸。

（7）铣矩形槽。

① 安装 Φ8 mm 粗立铣刀并对刀，设定刀具参数，选择程序，粗铣各矩形槽，留 0.5 mm 单边余量；

② 安装 Φ8 mm 精立铣刀并对刀，设定刀具参数，半精铣各矩形槽，留 0.1 mm 单边余量；

③ 测量矩形槽尺寸，调整刀具参数，精铣各矩形槽至要求尺寸。

3. 注意事项

（1）使用寻边器确定工件零点时应采用碰双边法；
（2）铣腰形槽时，应先在工件上预钻工艺孔，避免立铣刀中心垂直切削工件；
（3）铣矩形槽时，应先粗铣各槽，然后精铣各槽至要求尺寸

4. 编程、操作加工时间

（1）编程时间：90 min(占总分 30%)；
（2）操作时间：150 min（占总分 70%）。

8.1.4 程序示范（华中世纪星 22M）

粗铣、半精铣和精铣时使用同一加工程序，只需调整刀具参数分 3 次调用相同的程序进行加工即可。

（1）铣外轮廓和外圆柱体主程序。

```
% 1
G54G90G00Z100
X0Y0
M3S800
X65Y-45
Z2
G01Z-5F200
G41D1X42.5Y-40F80
Y19.13
G03X36.11Y28.46R10
G03X-36.11Y28.46R100
G03X-42.5Y19.13R10
G01Y-19.13
```

```
G03X-36.11Y-28.46R10
G03X-36.11Y-28.46R100
G03X42.5Y-19.13R10
G00Z2
G40X65Y-45
G01Z-10F200
G41D1X42.5Y-40F80
Y19.13
G03X36.11Y28.46R10
G03X-36.11Y28.46R100
G03X-42.5Y19.13R10
G01Y-19.13
G03X-36.11Y-28.46R10
G03X-36.11Y-28.46R100
G03X42.5Y-19.13R10
G00Z2
G40X20Y65
G01Z-5F200
G41D1X20Y-60
Y0
G02I-20
G01Y-60
G00Z100
G40X0Y0
M30
```

（2）铣两腰形槽和矩形槽主程序。

```
% 1
G54G90G00Z100
X0Y0
M3S800
Z5
M98P10                          调用铣腰形槽子程序
G68X0Y0P180                     旋转 180°，铣另一腰形槽
M98P10
G69                             取消旋转指令
G00Z100
Y-80
M05
M00
```

```
G00Z30
M3S800
Z5
M98P20                      调用矩形槽子程序，铣第一个矩形槽
G68X0Y0P60                  旋转 60°，铣第二个矩形槽
M98P20
G68X0Y0P120                 旋转 120°，铣第三个矩形槽
M98P20
G68X0Y0P180                 旋转 180°，铣第四个矩形槽
M98P20
G68X0Y0P240                 旋转 240°，铣第五个矩形槽
M98P20
G68X0Y0P360                 旋转 360°，铣第六个矩形槽
M98P20
G69                         取消旋转指令
G00Z100
X0Y0
M30

%10                         在同一编辑界面中，编辑铣腰形槽子程序
G00X31Y0
G01Z-10F80
G41D1X20.57Y-12.36F60
G03X20.57Y12.36R24
G02X32.57Y19.57R7
G02X32.57Y-19.57R38
G02X20.57Y-12.36R7
G00Z2
G40X31Y0
M99

%20                         在同一编辑界面中，编辑铣矩形槽子程序
G00X0Y0
G01Z-4F200
G41D1X13Y-5F60
X21
Y5
X13
G00Z2
G40X0Y0
M99
```

8.1.5 练习题

加工图 8-2、8-3 所示零件。

（1）

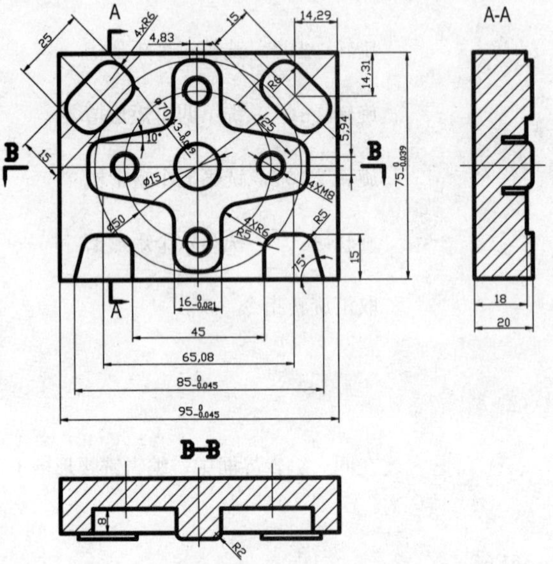

图 8-2

（2）

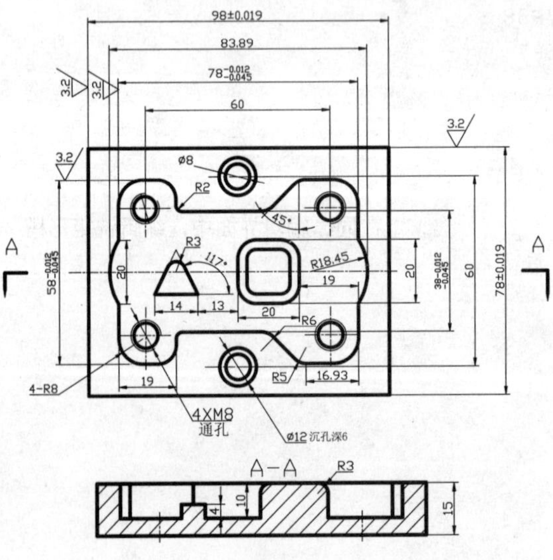

图 8-3

8.2　数控铣高级工样题 2

8.2.1　零件图

数控铣高级工样题 2 的零件图如图 8-4 所示。

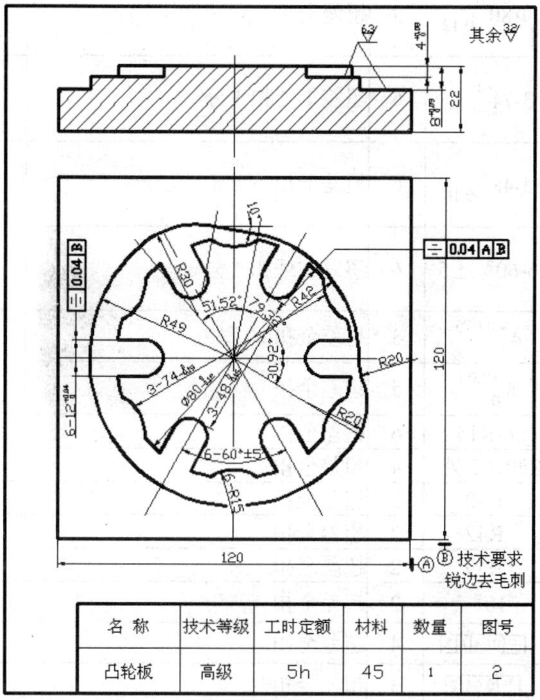

图 8-4

8.2.2　评分表

数控铣高级工样题 2 评分表如表 8-4、8-5、8-6 所示。

表 8-4　工件质量评分记录表

序号	鉴定项目及标准		配分	评分标准	检验结果	得分	备注
1	工艺准备（10 分）	工艺编制	2	工艺编制合理酌情评分	——		
		程序编制及输入	4	程序编制及输入正确，酌情评分	——		
		工件装夹	1	工件装夹正确，无人身设备事故	——		
		刀具选择	1	刀具选择合理	——		
		切削用量选择	2	切削用量选择合理	——		

（续表）

序号	鉴定项目及标准			配分	评分标准	检验结果	得分	备注
2	工件加工（70分）	用试切法对刀		2	能用试切法对刀			
		工件质量（68分）	$6\text{-}12^{+0.043}_{0}$	12	超差全扣			
			$\Phi 80^{0}_{-0.12}$	3	超差全扣			
2	工件加工（70分）	工件质量（68分）	$3\text{-}74^{0}_{-0.19}$	6	超差1处扣1分			
			$3\text{-}48^{0}_{-0.16}$	6	超差全扣			
			6-60° ±5′	6	超差1处扣1分			
			$4^{+0.075}_{0}$	3	超差全扣			
			$8^{+0.09}_{0}$	5	超差全扣			
			6-R15	6	超差全扣			
			R20（2处）	4	超差全扣			
			R30	2	超差全扣			
			R42	2	超差全扣			
			R49	2	超差全扣			
			10°	2	超差全扣			
			⌯ 0.04 A B	4	超差全扣			
			⌯ 0.04 B	3	超差全扣			
			粗糙度3.2	2	降一级扣2.5分，降两级不得分			
3	时间扣分	每超时3分钟扣1分						
		合计		80				

表8-5 工具、设备的使用与维护评分记录表

序号	鉴定范围	鉴定项目	配分	考场表现	得分
1	工具使用与维护	合理使用常用工具	2		
2		合理使用常用刀具			
3		合理使用及正确保养常用夹具	1		
4		合理使用及正确保养组合夹具	2		
5	设备使用与维护	正确操作自用设备	1		

（续表）

序号	鉴定范围	鉴定项目	配分	考场表现	得分
6	设备使用与维护	爱护电器设备	1		
7		能及时发现设备故障并爱护电器设施	1		
8		按要求润滑设备	1		
9		按规定维护保养设备	1		
合　计			10		

表 8-6　安全及其他评分记录表

序号	鉴定范围	鉴 定 项 目	配分	考场表现	得 分
1	安全	严格执行数控铣工安全操作规程	2		
2		严格执行砂轮机安全操作规程	1		
3		严格执行有关安全生产的各项制度、规定	2		
4	其他	按定置管理规定及要求，整齐摆放工件	1		
5		按定置管理规定及要求，整齐摆放工、刀、量具	1		
6		按文明生产规定，工作完毕，打扫干净工作场地	3		
合　计			10		

8.2.3　考核目标及操作提示

1. 考核目标

（1）能使用坐标系旋转指令编制程序；
（2）能使用子程序编制程序；
（3）能使用刀具半径补偿功能对凸轮轮廓进行编程和铣削。

2. 加工操作提示

（1）加工准备。
① 详阅零件图 8-4，并检查坯料的尺寸；
② 编制加工程序，输入程序并选择该程序；
③ 用平口钳装夹工件，伸出钳口 10 mm 左右，用百分表校正；
④ 安装寻边器，确定工件零点为坯料上表面的中心，设定零点偏置；
⑤ 安装 Φ20 mm 粗立铣刀并对刀，设定刀具参数，选择自动加工方式。
（2）粗铣凸轮轮廓。粗铣留 0.5 mm 单边余量。
（3）铣槽轮外圆轮廓。
① 选择程序，粗铣槽轮外圆轮廓，留 0.5 mm 单边余量；

② 安装 Φ20 mm 粗立铣刀并对刀，设定刀具参数，半精铣槽轮外圆轮廓。

（4）铣 6-R15 圆弧。

① 选择加工程序，调整刀具参数，粗铣 6-R15 圆弧，留 0.5mm 单边余量；

② 调整刀具参数，半精铣 6-R15 圆弧，留 0.1mm 单边余量；

③ 测量工件尺寸，调整刀具参数，精铣 6-R15 圆弧至要求尺寸。

（5）铣 6-12 槽。

① 安装 Φ10 mm 粗立铣刀并对刀，设定刀具参数，选择程序，粗铣各槽，留 0.5 mm 单边余量；

② 安装 Φ10 mm 精立铣刀并对刀，设定刀具参数，选择程序，半精铣各槽，留 0.1 mm 单边余量；③测量各槽尺寸，调整刀具参数，精铣各槽至要求尺寸。

3. 注意事项

（1）使用寻边器确定工件零点时应采用碰双边法；

（2）精铣时采用顺铣法，以提高尺寸精度和表面质量；

（3）立铣刀垂直方向进刀时，铣刀中心不能直接铣削工件。

4. 编程、操作加工时间

（1）编程时间：90 min；

（2）操作时间：210 min。

8.2.4 程序示范（华中世纪星 22M）

粗铣、半精铣和精铣时使用同一加工程序，只需调整刀具参数分 3 次调用相同的程序进行加工即可。精加工时分别换 Φ20 mm 和 Φ10 mm 精力铣刀。

（1）铣凸轮轮廓、槽轮外圆轮廓和 6-R15 圆弧主程序

```
% 1
G54G00G90Z100
X0Y0
M3S500
X60Y-60
Z5
G01Z-4F100
G42D1X20Y-50F60
X50Y-20
Y20
X20Y50
```

```
X-20
X-50Y20
Y-20
X-20Y-50
X20
Z-8F30
X50Y-20F60
Y20
X20Y50
X-20
X-50Y20
Y-20
X-20Y-50
X20
G00Z10
G40X60Y0
G01Z-4F100
M98P10
G01Z-8F100
M98P10
M98P20
M98P30
G00Z100
M05
M30
```

（2）铣 6-12 槽主程序

```
% 1
G54G00G90Z100
X0Y0
M3S500
M98P40
G68X0Y0P60
M98P40
G68X0Y0P120
M98P40
G68X0Y0P180
M98P40
G68X0Y0P240
```

```
M98P40
G68X0Y0P300
M98P40
G69
G00Z100
M30
```

(3) 铣凸轮轮廓子程序

```
% 10
G01G42X42Y0D1F60
G03X7.293Y41.362R42
G01X-7.214Y43.920
G03X-32.039Y37.074R30
G033X42.037Y-25.177R49
G03X43.440Y-7.450R20
G02X42Y0R20
G00Z2
G40G00X60Y0
M99
```

(4) 铣槽轮外圆轮廓子程序

```
% 20
G00X60Y0
G01Z-4F200
G01G41D1X40Y0F60
G02I-40
G00Z2
G40X60Y0
M99
```

(5) 铣 6-R15 圆弧子程序

```
% 30
G00X60Y0
G01Z-4F200
G01G42D1X39.221Y-7.855F60
```

```
G02X39.221Y7.855R15
G00Z2
G40G00X60Y0
M99
```

（6）铣 6-12 槽子程序

```
% 40
G00X50Y0
G01Z-4F200
G01G41D1X42Y6F60
G01X30
G03X30Y-6R6
G01X42
G00Z2
G40X60Y0
M99
```

8.2.5　练习题

加工图 8-5 所示零件。

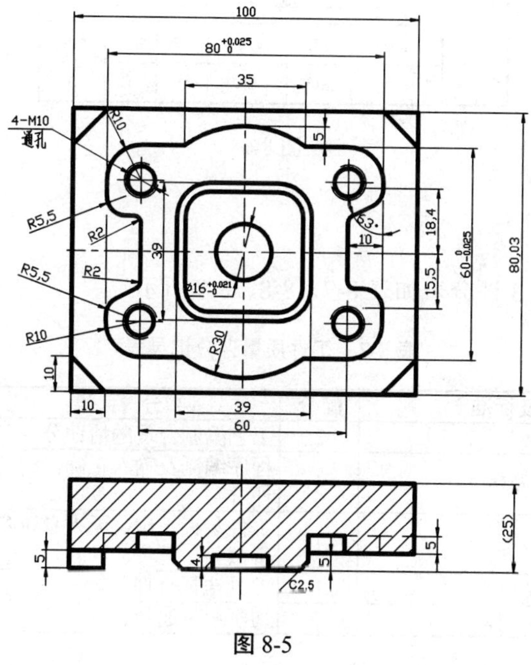

图 8-5

8.3 数控铣高级工样题 3

8.3.1 零件图

数控铣高级工样题 3 的零件图如图 8-6 所示。

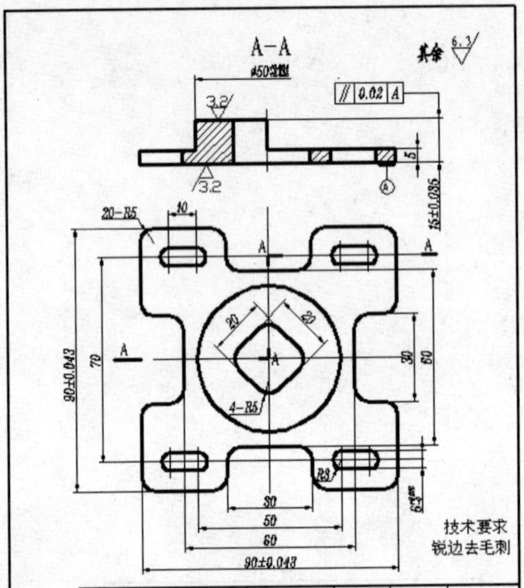

名 称	技术等级	工时定额	材料	数量	图号
垫 块	高级	5h	45	1	3

图 8-6

8.3.2 评分表

数控铣高级工样题 3 评分表如表 8-7、8-8、8-9 所示。

表 8-7 工件质量评分记录表

序号	鉴定项目及标准		配分	评 分 标 准	检验结果	得分	备注
1	工艺准备（10 分）	工艺编制	2	工艺编制合理酌情评分			
		程序编制及输入	4	程序编制及输入正确，酌情评分			
		工件装夹	1	工件装夹正确，无人身设备事故			
		刀具选择	1	刀具选择合理			
		切削用量选择	2	切削用量选择合理			

（续表）

序号	鉴定项目及标准			配分	评分标准	检验结果	得分	备注
2	工件加工（70 分）	用试切法对刀		2	能用试切法对刀			
		工件质量（68 分）	90±0.043（两处）	10	超差 1 处扣 5 分			
			30（三处）	6	超差 1 处扣 2 分			
			$6_{0}^{+0.012}$（四处）	8	超差 1 处扣 2 分			
			20（两处）	4	超差 1 处扣 2 分			
			50	2	超差全扣			
			60（四处）	4	超差 1 处扣 1 分			
			15±0.035	3	超差全扣			
			$\Phi 50_{+0.025}^{+0.064}$	5	超差全扣			
			70	2	超差全扣			
			5	2	超差全扣			
			20-R5	10	超差 1 处扣 0.5 分			
			4-R5	4	超差 1 处扣 1 分			
			8-R3	4	超差 1 处扣 0.5 分			
			∥ 0.02 A	2	超差全扣			
			粗糙度 3.2	2	降一级扣 1 分，降两级全扣			
3	时间扣分	每超时 3 分钟扣 1 分						
	合计			80				

表 8-8 工具、设备的使用与维护评分记录表

序号	鉴定范围	鉴定项目	配分	考场表现	得分
1	工具使用与维护	合理使用常用工具	2		
2		合理使用常用刀具			
3		合理使用及正确保养常用夹具	1		
4	工具使用与维护	合理使用及正确保养组合夹具	2		
5	设备使用与维护	正确操作自用设备	1		
6		爱护电器设备	1		
7		能及时发现设备故障并爱护电器设施	1		
8		按要求润滑设备	1		
9		按规定维护保养设备	1		
	合计		10		

表 8-9 安全及其他评分记录表

序号	鉴定范围	鉴 定 项 目	配分	考场表现	得 分
1	安全	严格执行数控铣工安全操作规程	2		
2		严格执行砂轮机安全操作规程	1		
3		严格执行有关安全生产的各项制度、规定	2		
4	其他	按定置管理规定及要求，整齐摆放工件	1		
5		按定置管理规定及要求，整齐摆放工、刀、量具	1		
6		按文明生产规定，工作完毕，打扫干净工作场地	3		
合 计			10		

8.3.3 考核目标及操作提示

1. 考核目标

（1）能使用镜像指令编制程序；
（2）能使用子程序编制程序；
（3）能使用镗刀进行镗孔。

2. 加工操作提示

（1）加工准备。
① 详细阅读零件图 8-6，并检查坯料的尺寸；
② 编制加工程序，输入程序并选择该程序；
③ 用平口钳装夹工件，伸出钳口 11 mm 左右（不得小于 10 mm）。
④ 安装寻边器，确定工件零点为坯料上表面的中心，设定零点偏置；
（2）铣圆柱凸台。
① 安装 Φ20 mm 粗立铣刀并对刀，设定刀具参数，粗铣 Φ50 mm 凸台，粗铣留 0.5 mm 单边余量。
② 安装 Φ10 mm 精立铣刀并对刀，设定刀具参数，半精铣 Φ50 mm 凸台，粗铣留 0.1 mm 单边余量。
③ 调整刀补值，精铣 Φ50 mm 凸台。
（3）铣外轮廓。
① 安装 Φ8 mm 粗立铣刀并对刀，选择程序，粗铣外轮廓，留 0.5 mm 单边余量；
② 安装 Φ8 mm 精立铣刀并对刀，设定刀具参数，半精铣外轮廓，留 0.1 mm 单边余量；
③ 调整刀补值，精铣外轮廓。

（4）铣四个槽。

① 安装 Φ4 mm 键槽铣刀并对刀，选择加工程序，粗铣四个键槽，留 0.5 mm 单边余量；

② 调整刀具参数，半精铣四个槽，留 0.1 mm 单边余量；

③ 调整刀补值，精铣四个槽。

（5）铣方槽。

① 安装 Φ8 mm 键槽铣刀并对刀，设定刀具参数，选择程序，粗铣方槽，留 0.5 mm 单边余量；

② 设定刀具参数，选择程序，半精铣方槽，留 0.1 mm 单边余量；

③ 测量各槽尺寸，调整刀补值，精铣方槽至要求尺寸。

（6）拆卸工件，翻面，用三爪卡盘装夹 Φ50 mm 凸台，安装 Φ80 mm 盘铣刀铣工件上表面至厚度尺寸。

3. 注意事项

（1）四个键槽不能用旋转指令加工，只能用坐标偏移方法或镜像指令来加工。

（2）工件翻面后用三爪装夹时一定要保证整个工件水平放置；

（3）用 Φ4 mm 键槽铣刀铣削时选择合理切削用量，避免受力过大崩刀。

（4）嵌套调用子程序的用法。

4. 编程、操作加工时间

（1）编程时间：90 min；

（2）操作时间：210 min。

8.3.4 程序示范（华中世纪星 22M）

粗铣、半精铣和精铣时使用同一加工程序，只需调整刀具参数分 3 次调用相同的程序进行加工即可。精加工时分别换 Φ20 mm 和 Φ10 mm 精力铣刀。

（1）铣凸台轮廓

```
% 1
G54GG90G00Z100
X0Y0
M3S500
X-25Y-5
Z2
G01Z0F100
G41D1X-25Y0          D1 必须先给大值，实现从外往里铣，否则立铣刀在
                     Z 方向进刀时会崩刀
```

```
M98P10L2                    调用 2 次，每次切深 5 mm
G01Y5F80
G00Z100
G40X0Y0
M30

%10                         子程序
G91G01Z-5F50
G90G02I25F80
M99
```

（2）用 $\Phi 8$ 键槽铣刀铣外轮廓

```
% 1
G54G90G00Z100
X0Y0
M3S800
M98P10
G68X0Y0P90
M98P10
G68X0Y0P180
M98P10
G68X0Y0P270
M98P10
G69
G00Z100
X0Y0
M30

%10
G00X45Y6
Z-8
G01Z-15F50
G41D2X40Y10F80
G03X30Y0R10
G01Y-15R5
X45R5
Y-45R5
X15R5
Y-30R5
X0
G03X-10Y-40R10
G00Z2
```

```
G40X41Y9                              去除凹槽外部余量
Z-8
G01Z-15F50
Y-9F80
G00Z2
M99
```

（3）铣四个键槽

```
%1
G54G90G00Z100
X0Y0
M3S1000
M98P10
G24Y0
M98P10
G25Y0
G00Z100
X0Y0
M30

%10
M98P20
G24X0
M98P20
G25X0
M99

%100                                  嵌套子程序
G00X30Y-35
Z-8
G01Z-15F50
G41D3X33Y-35
G03X30Y-32R3
G01X25
G03Y-38R3
```

```
G01X35
G03Y-32R3
G01X30
G03X27Y35R3
G00Z2
G40X0Y0
M99
```

（4）铣方槽

```
%1
G54G90G00Z100
X0Y0
M3S1000
G68X0Y0P45
G0Z2
G01Z0F50
M98P10L3                         铣三刀，每刀切深 5 mm
G69
G00Z100
X0Y0
M30

%10
G01X0Y0F80
G91G01Z-5F50
G90G41D4X5Y-5F80
G03X10Y0R5
G01Y10R5
X-10R5
Y-10R5
X10R5
Y0
G03X5Y5R5
G40X0Y0
M99
```

（5）翻面，铣平面至厚度尺寸（程序略）

8.3.5　练习题

加工图 8-7 所示零件。

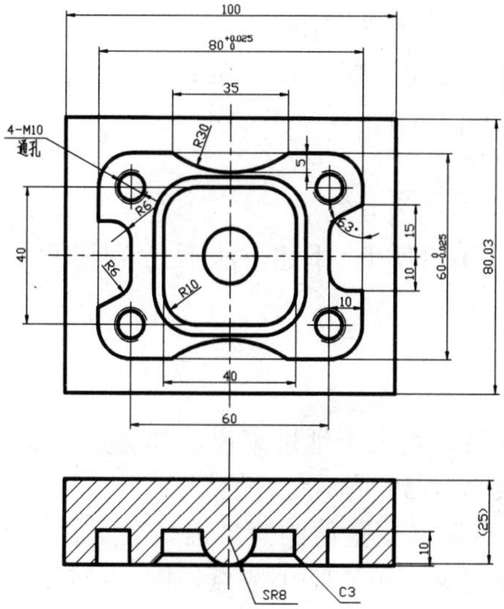

图 8-7

8.4　数控高级工课题：用户宏程序

含有变量的子程序叫做用户宏程序，在程序中调用宏程序的那条指令叫用户宏指令。在很多系统中也可以通过一些循环指令对用户宏程序进行调用。

8.4.1　变量的表示和使用

用一个可赋值的代号代替具体的坐标值，这个代号就称为变量。

1. 变量表示

格式：＃I(I=1,2,3,…)或＃[＜式子＞]
例：＃5，＃109，＃501，＃[＃1＋＃2－12]。

2. 变量的使用

（1）地址字后面指定变量号或公式。

格式：＜地址字＞＃I

　　＜地址字＞－＃I

　　＜地址字＞[＜式子＞]

例：F＃103，设＃103＝15　则为 F15；

　Z－＃110，设＃110＝250　则为 Z－250；

　X[＃24＋＃18＊COS[＃1]]。

（2）变量号可用变量代替。

例：＃[＃30]，设＃30＝3 则为＃3。

（3）变量不能使用地址 O，N，I，下述方法下允许使用。

例：O＃1；

　I＃2　6.00×100.0;

　N＃3　Z200.0。

（4）变量号所对应的变量，对每个地址来说，都有具体数值范围。

例：＃30＝1100 时，则 M＃30 是不允许的。

（5）＃0 为空变量，没有定义变量值的变量也是空变量。

（6）变量值定义：程序定义时可省略小数点，例：＃123＝149。

MDI 键盘输入时必须输入小数点，小数点省略时单位为 μm。

3. 变量的种类

变量根据性质和用途不同，一般分为局部变量、公共变量和系统变量三类。

（1）局部变量（＃1~＃33）—— 一个在宏程序中局部使用的变量。

例：A 宏程序	B 宏程序
…	…
＃10＝20	X＃10　不表示 X20
…	…

断电后清空，调用宏程序时代入变量值

（2）公共变量（＃100~＃149，＃500~＃531）—— 各用户宏程序内公用的变量。

＃100~＃149 之间的数据在断电后清空；

＃500~＃531 保持型变量（断电后不丢失）。

例：上例中＃10 改用＃100 时，B 宏程序中的 X＃100 表示 X20。

（3）系统变量——固定用途的变量，其值取决于系统的状态。

例：＃2001 值为 1 号刀补 X 轴补偿值；

＃5221 值为 X 轴 G54 工件原点偏置值。

MDI 键盘输入时必须输入小数点，小数点省略时单位为 μm。

4. 运算指令

运算式的右边可以是常数、变量、函数和式子，式中＃j，＃k 也可为常量，式子右边为变量号、运算式。

（1）定义

＃I＝＃j。

（2）算术运算

＃I=＃j+＃k;

＃I=＃j－＃k;

＃I=＃j＊＃k;

＃I=＃j / ＃k。

（3）逻辑运算

＃I＝＃JOR　＃k（或）;

＃I＝＃JXOR　＃k（异或）;

＃I＝＃JAND　＃k（与）。

（4）函数

＃I＝SIN[＃j]（正弦）;

＃I＝COS[＃j]（余弦）;

＃I＝TAN[＃j]（正切）;

＃I＝ATAN[＃j]（反正切）;

＃I＝SQRT[＃j]（平方根）;

＃I＝ABS[＃j]（绝对值）;

＃I＝ROUND[＃j]（四舍五入化整）;

＃I＝FIX[＃j]（下取整）;

＃I＝FUP[＃j]（上取整）。

（5）说明

① 角度单位为度（°）

例：90° 30″为 90.5°。

② ATAN 函数后的两个边长要用“1”隔开

例：＃1＝ATAN[1] / [－1]时，＃1 为了 35.0。

③ ROUND 用于语句中的地址，按各地址的最小设定单位进行四舍五入

例：设＃1＝1．2345，＃2＝2．3456，设定单位 1μm

ROUND[X－＃1]（此时表示为：X－1.235）;

ROUND[X－＃2]（此时表示为： X－2.346）;

X[ROUND[＃1]＋ROUND[＃2]]（表示为：X－3.580）。

④ 取整后的绝对值比原值大为上取整，反之为下取整

例：设＃1=1．2，＃2=－1.2 时，

若＃3=FUP[#1]时，则＃3=2.0;

若＃3=FIX[#1]时，则＃3=1.0;

若＃3=FUP[#2]时，则＃3=－2.0;

若＃3=FIX[#2]时，则＃3=－1.0。

⑤ 指令函数时，可只写开头两个字母

例：ROUND→RO，FIX→FI。

⑥ 优先级

函数→乘除（*，1，AND）→加减（+，－，OR，XOR）

例：＃1=＃2+＃3*SIN[＃4];

⑦ 运算指令中括号为中括号（最多 5 重），圆括号用于注释语句。

例：＃1=SIN[[[#2+#3]*#4+#5]*#6]；（3 重）

5. 转移与循环指令

（1）无条件的转移

格式：GOTO 1;
　　　GOTO ＃10。

（2）条件转移

格式： IF[＜条件式＞] GOTO n;

其中，条件式的表示方法有以下几种：

＃j EQ ＃k（表示=）;

＃j NE ＃k（表示≠）;

＃j GT ＃k（表示＞）;

＃j LT ＃k（表示＜）;

＃j GE ＃k（表示≥）;

＃j LE ＃k（表示≤）。

例 1：IF[＃1 GT 10] GOTO 100;
　　　…
　　　N100 G00 G91 X10;

例 2：求 1 到 10 之和

O 9500;

＃1=0;

＃2=1;

N1 IF [＃2 GT10] GOTO 2;

#1＝#1＋#2;

#2＝#2+1;

GOTO　1

N2　M301;

（3）循环指令

格式：WHILE[＜条件式＞]DO　m;（m＝1，2，3）

…

…

…

END　m

说明：（1）条件满足时，则执行 DOm 的程序段；不满足时，执行 DOm 到 ENDm 的程序段。

（2）省略 WHILE 语句，只有 Dom 到 ENDm 之间的语句，则执行 DOm 到 ENDm 之间的语句形成死循环。

（3）嵌套最多 3 层。

（4）EQ、NE 时，空和“0”不同；其他条件下，空和“0”相同。

例：求 1 到 10 之和

O0001;

#1＝0;

#2＝1;

WHILE　[#2LE10]　DO1;

#1＝#1＋#2;

#2＝#2＋#1;

END1;

M30;

实例一：用宏程序编写图 8-8 所示椭圆

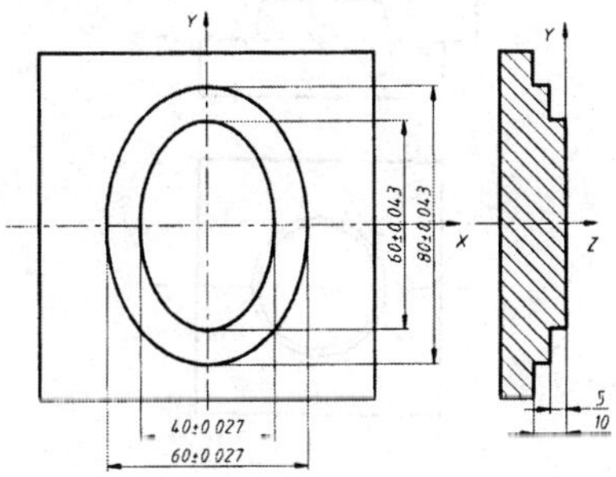

图 8-8

程序如下：

```
O 0003;
N10  #100=1;
N20  #101=0;
N30  #102=361;
N40  #103=30;
N50  #104=20;
N60  #105=-5;
N70G90G54G40 G00 X[#104+20]Y-30;
N80  M03 S800;
N90  G0 Z5;
N100  G01 Z[#105] F80;
N110  G42 G01 X[#104] D01 F150;
N120  Y0;
N130  #114=#101;
N140  #112=#104*COS[#114];
N150  #113=#103*SIN[#114];
N160  G01 X[#112] Y[#113] ;
N170  #114=#114+#100;
N180  IF [#114 LT #102] GOTO140;
N190  G40 G01 X[#104+20] Y0;
N200  G90 G00 Z100;
N210  M05;
N220  M30;
```

实例二：用宏程序对图 8-9 编程

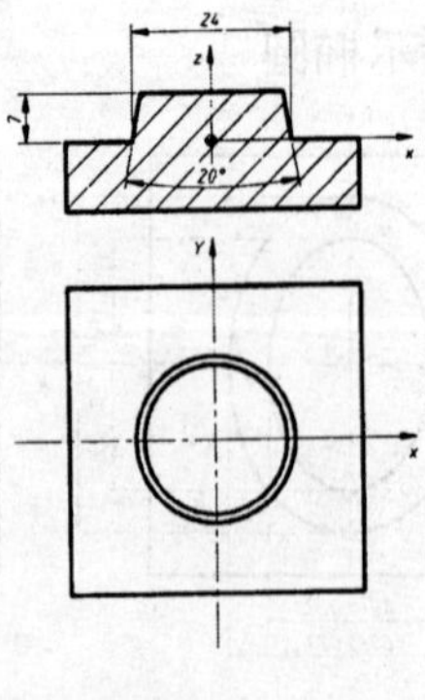

图 8-9

Φ8 平刀　(凸)

```
O 0001;
G90 G54 G40;
G00 X18 Y0 Z100;
M03 S1500;
G00 Z15;
#1=0;
WHILE[#1 LE 7] DO1;
#2=0.176*#1;
#3=16-#2;
G01 X#3 Z#1;
G03 I[-#3]
#1=#1+0.1;
END1;
G90 G00 Z100;
M30;
```

8.4.2　练习题

加工图 8-10 所示零件。

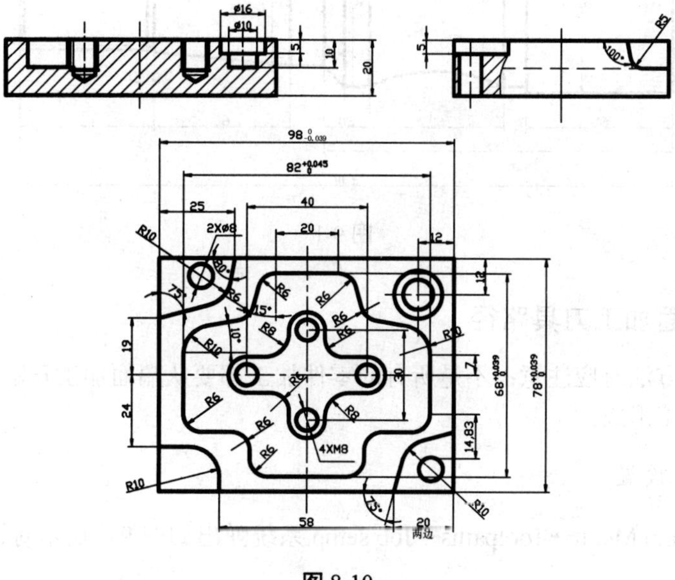

图 8-10

第 9 章　MasterCAM 自动加工软件介绍

9.1　Master CAM9 的车削编程

Mastercam 具有强大的计算机辅助设计和计算机辅助制造功能，集工件的二维几何图形设计、三维曲面设计、刀具路径模拟、加工实体模拟等功能于一身，并提供友好的人机交互，是当今广泛使用的计算机辅助设计和计算机辅助制造软件。本章只对该软件的后置处理过程，与加工相关的内容进行阐述，对于文件的建立，图形绘制等由于篇幅有限不再进行说明。

本小节将通过图 9-1 所示零件介绍 Master CAM9 的车端面、粗车、精车、切槽、螺纹切削、钻孔和截断车削过程。

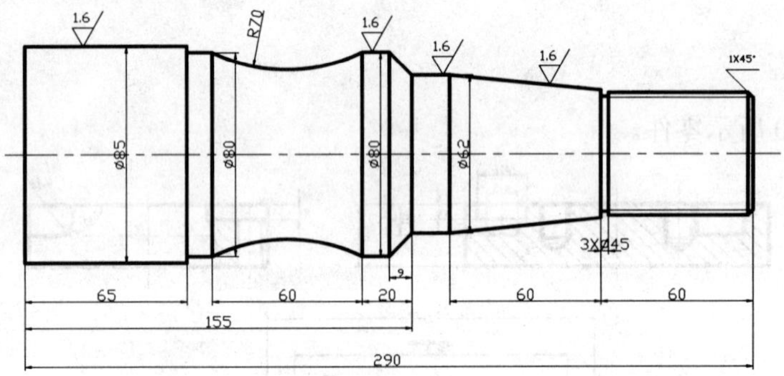

图 9-1

9.1.1　生成端面加工刀具路径

在选择切削方法时应注意：不是所有的零件加工都要从端面加工开始，有时也可直接由粗车、精车加工形成。

1. 工件毛坯设置

（1）单击 Main Menu→Toolpaths→Job setup 系统弹出如图 9-2 所示对话框。

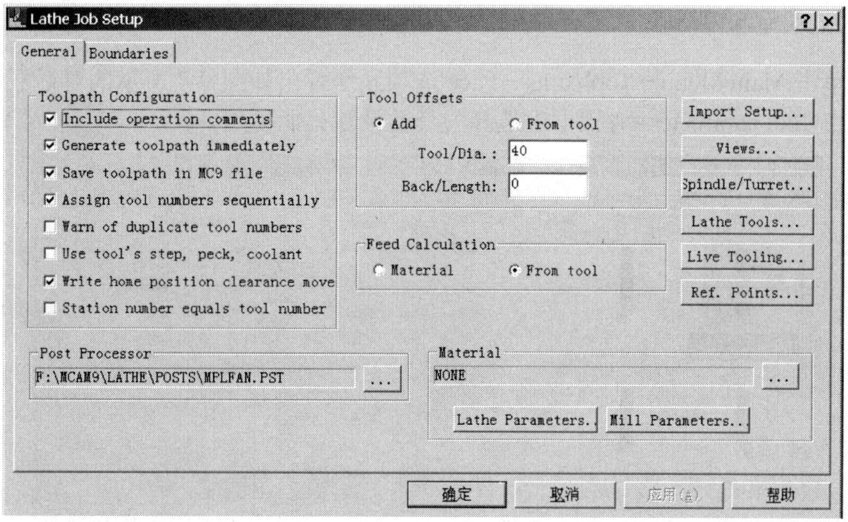

图 9-2

说明：Feed Calculation 选项设置工件材料；Tool Offsets 选项设置刀具偏移；Toopath Configuration 选项设置刀具路径参数；Post Processor 选项设置后置处理程序。

（2）选择 Boundaries 选项设置工件毛坯。见图 9-3 所示对话框。

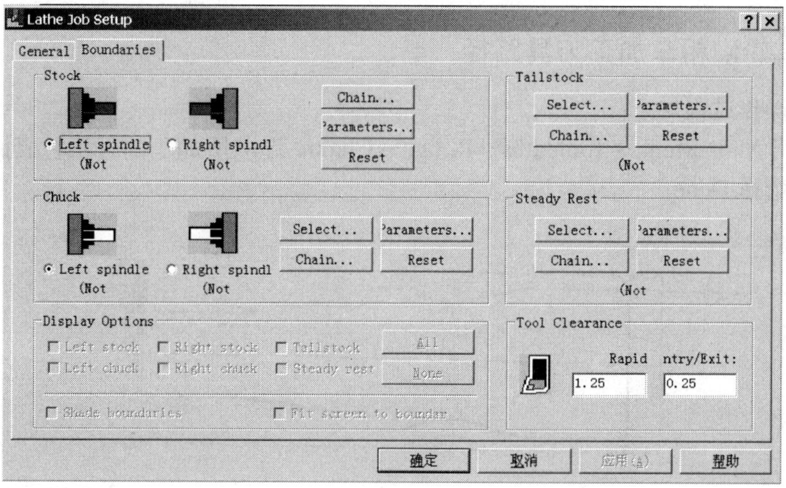

图 9-3

说明：Stock 选项设置工件毛坯大小；Tailstock 选项尾座顶尖的参数；Chuck 选项设置卡盘的参数；Steady rest 选项设置辅助支撑的参数。

2. 生成端面车刀路径

（1）单击 Main Menu→Toolpaths→Face 选项系统弹出如图 9-4 所示的对话框。

（2）在 Tool parameters 对话框中选择刀具及设置其他参数。

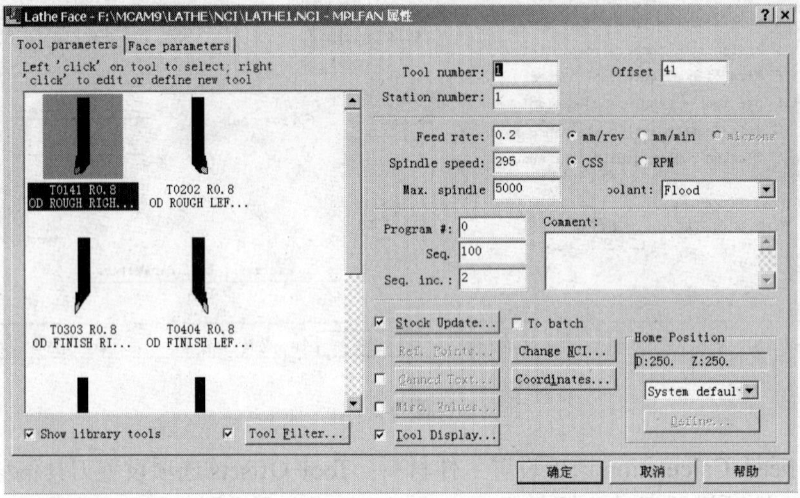

图 9-4

9.1.2 生成轮廓粗车加工刀具路径

粗车的操作过程如下：

（1）单击 Main Menu→Toolpaths→Rough→Chain。选取所加工的外圆柱表面，如图 9-5 所示。然后选择 Done。

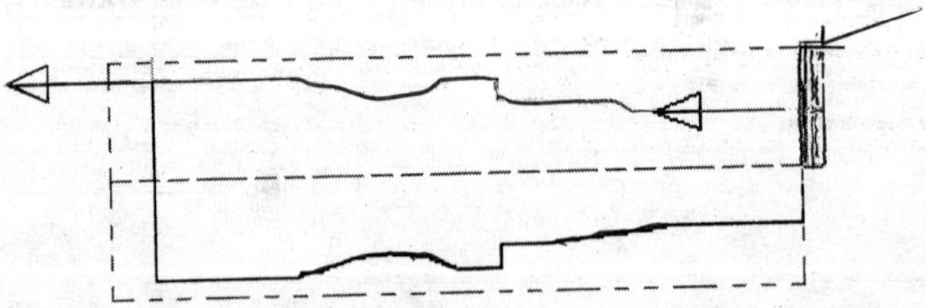

图 9-5

系统弹出 Tool parameters 参数对话框和 Rough parameters 参数对话框 Tool parameters 参数对话框如图 9-6 所示。同时设置完 Tool parameters 相关参数后点确定按钮。

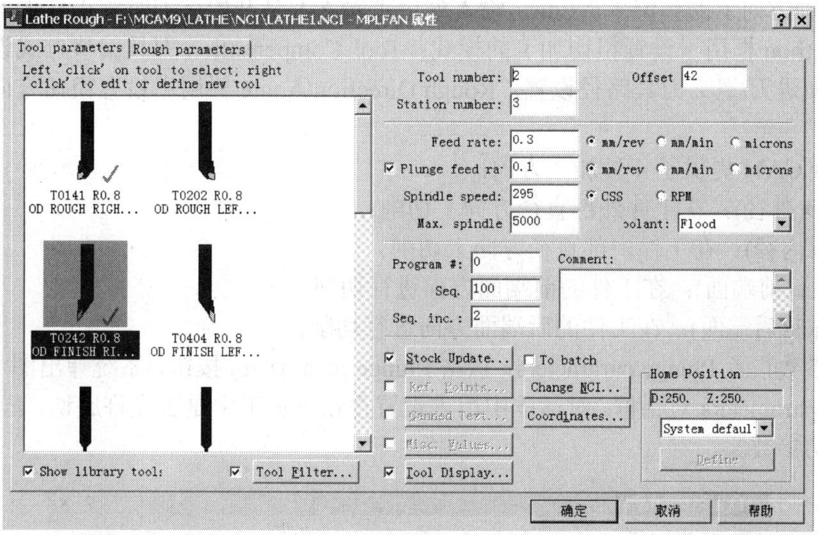

图 9-6

（2）选择对话框中的 Rough parameters 标签，并设置参数。见图 9-7 所示。

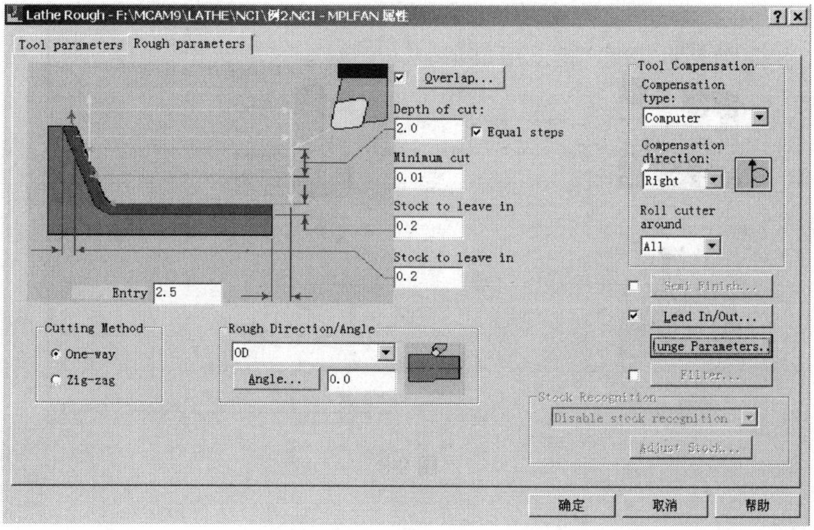

图 9-7

说明：Rough 输入框用来设置每次车削加工的切削深度，选 Equsl steps 时，为最大值；Stock to leave X 输入框用于输入在 X 轴方向上的预留量；Stock to leave Z 输入框用于输入在 Z 轴方向上的预留量；Entry 输入框用于输入刀具开始进刀时距工件表面的距离；Cutting Method 框用于设置粗切加工的模式；Tool Compensation 刀具偏移方式设置；Lead In/Out 添加进刀/退刀刀具路径设置；Rough Direction/Angle 栏用于设置粗切方向和粗切角度。

Master CAM 提供了 4 种加工方向：

① OD(外径)：在工件外部直径方向上切削；

② ID(内径)：在工件内部直径方向上切削；

③ Face(前端面)：在工件的前端面方向进行切削；

④ Back(后端面)：在工件的后端面方向进行切削。

底切参数设置 Plunge parameters：点击 Plunge parameters 按钮，系统弹出图 9-8 所示的 Plunge cut parameters 对话框。对话框中用来设置在粗车加工中是否允许底切，若允许底切，则设置底切参数。

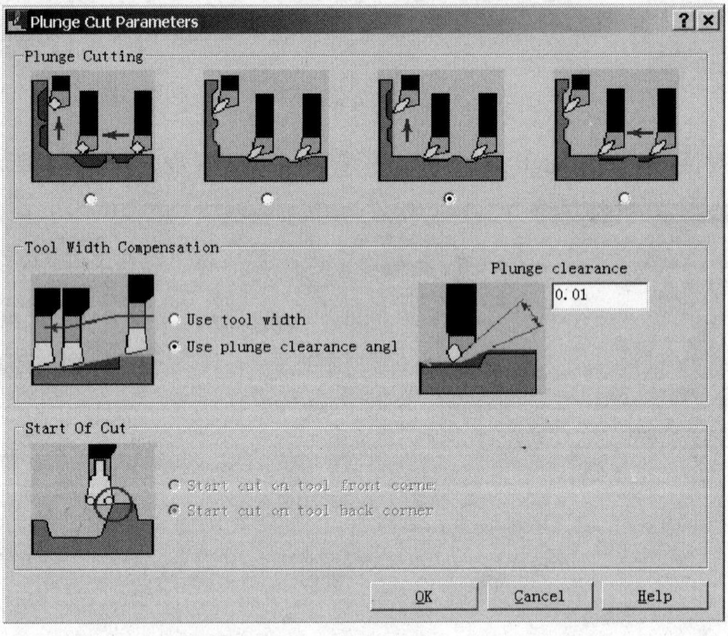

图 9-8

9.1.3 生成精车加工刀具路径

在轮廓加工中，一般粗车完毕后马上进行精车。要生成精车加工刀具路径，除了要设置共有的刀具参数外，同样还要设置一组精车加工刀具路径特有的参数。具体操作如下：

单击 Main Menu→Toolpaths→Finish→Chain；选择精加工的外圆柱表面；确定后，系统弹出 Tool parameters 参数对话框和 Finish parameters 参数对话框；选择对话框中的 Finash parameters 标签，并设置参数；Finish parameters 选项卡中各参数与 Rough parameters 选项卡中的参数基本相同，这里不再赘述。

9.1.4　径向切槽加工刀具路径

径向槽加工加工设置方法有两种，一是打开所需加工的零件轮廓图或在加工的零件图上添加切槽所需的辅助线，设置刀具的切削加工范围。

单击 Main Menu→Toolpaths→Groove→3 line→Ok，选择欲加工的槽，再单击 End here→Done。设置对话框中的参数，如图 9-9 所示。

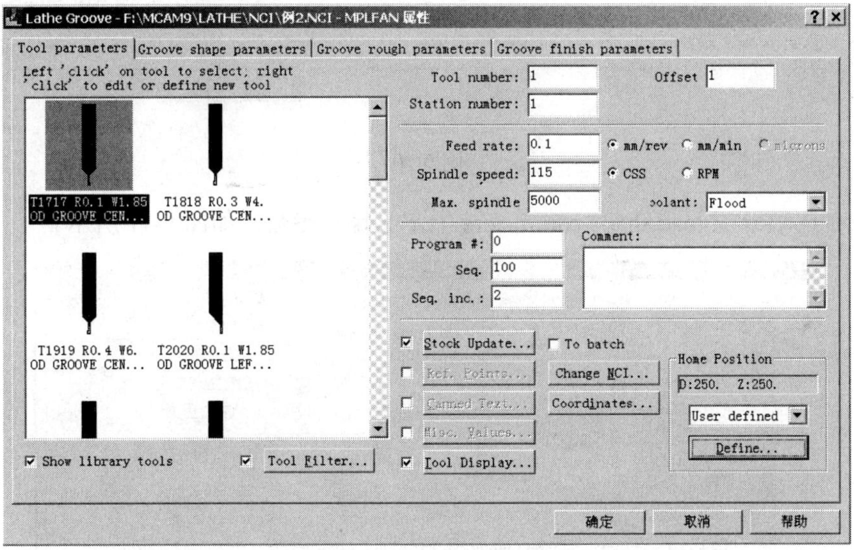

图 9-9

9.1.5　生成螺纹加工刀具路径

螺纹有内、外螺纹，左、右旋螺纹，锥螺纹等。螺纹加工时所得到的左、右旋主要由刀架所处的位置，螺纹刀的正、反安装，主轴的旋转方向及进给方向等所确定。

（1）单击 Main Menu→Toolpaths→Next menu→Thread，系统将弹出如图 9-10 所示的对话框。

（2）在选项卡 Tool parameters 中选择刀具参数。

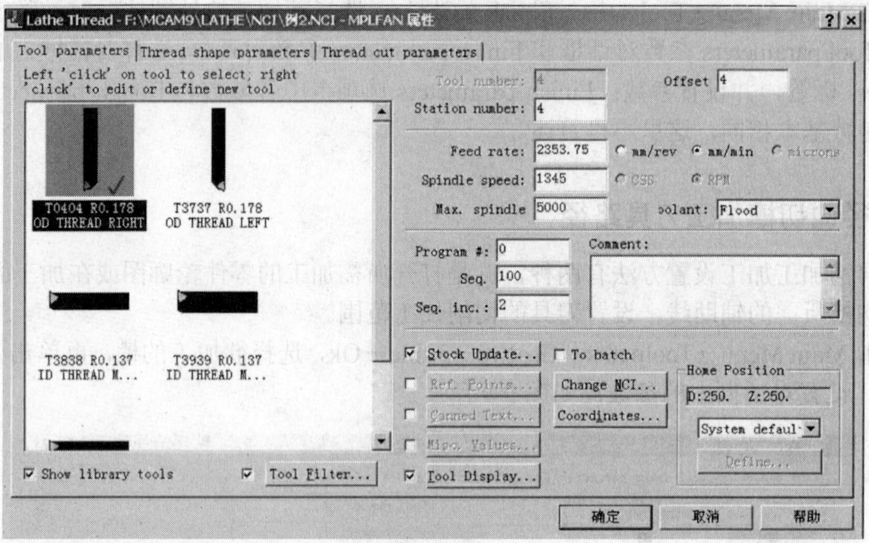

图 9-10

（3）在选项卡 Thread shape parameters 中定义螺纹参数。如图 9-11 所示。

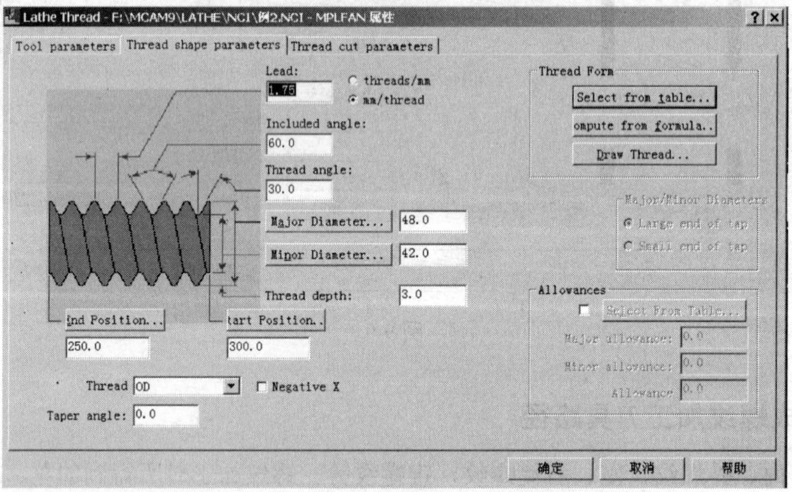

图 9-11

说明：Lead 文本框用来设置螺纹的螺距；Included angle 文本框用来设置螺纹两条边间的夹角，Thread angle 文本框用来设置螺纹一条边与螺纹轴垂线的夹角；Major Diameter 文本框用于设置螺纹牙顶的直径；Minor Diameter 文本框用于设置螺纹牙底的直径；Thread depth 文本框用于设置螺纹的螺牙高度；Start Position 文本框用于设置螺纹起点的 Z 坐标；End Position 文本框用于设置螺纹终点的 Z 坐标；系统通过这两个值定义螺纹的长度；OD 选项为外螺纹加工的刀具路径；ID 选项为内螺纹加工的刀具路径。

（4）在 Thread cut parameters 选项卡中定义螺纹切削参数，如图 9-12 所示。

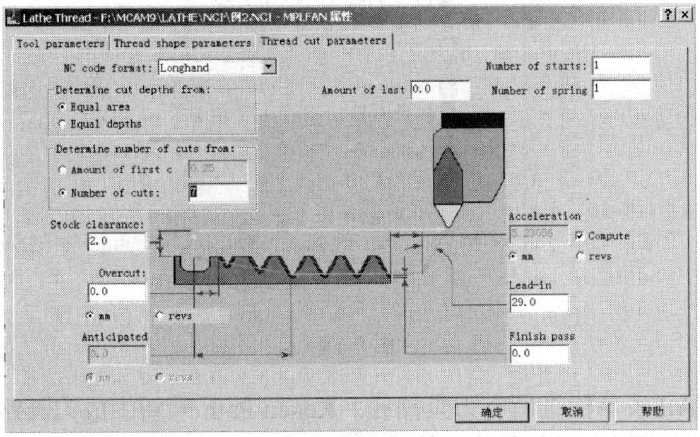

图 9-12

说明：Nc code format 参数用来设置螺纹指令的形式：G32、G92、G76；Determine cut depths form 参数用来设置定义切削深度的方式。Determine number of cut form 参数用来设置定义切削次数的方式。选择 Amount of first 单选按钮时，系统根据设置的第一刀切削量、最后一刀切削量和螺纹深度来计算切削次数；选择 Number of cuts 单选按钮时，系统根据设置的切削次数、最后一刀切削量和螺纹深度来计算切削量。

9.2 后处理程序与程序传输

对于刀具路径模拟或实体切削验证过的档案文件只有通过程序的后处理才能生成数控车床所认识的指令代码。

9.2.1 后处理程序

1. 刀具路径检查

通过单击 Main Menu→Toolpaths→Operations 或通过单击 Main Menu→Nc utils 进入刀具路径检查。下面使用 Operations 进行刀具路径检查，系统弹出图 9-13 所示的对话框。

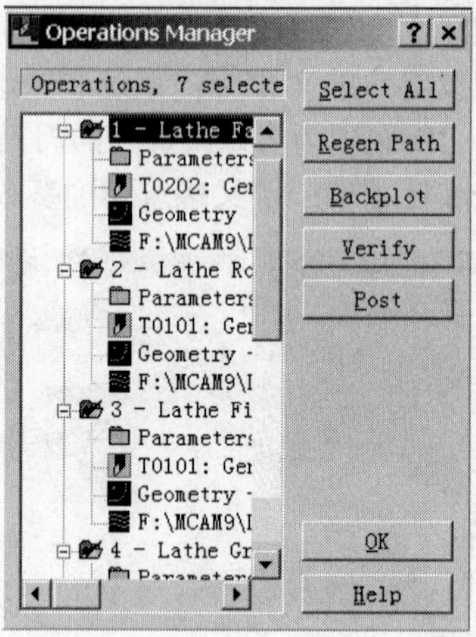

图 9-13

说明：Select All 表示检查所有刀具路径。Regen Path 重新生成刀具路径。Backplot 重绘刀具路径。Verify 模拟实体刀具路径检查。

2. Post 后置处理

后置处理，生成.NCI 文件或.NC 文件，NC 文件即数控加工程序。选择 Post 系统弹出如图 9-14 所示对话框。

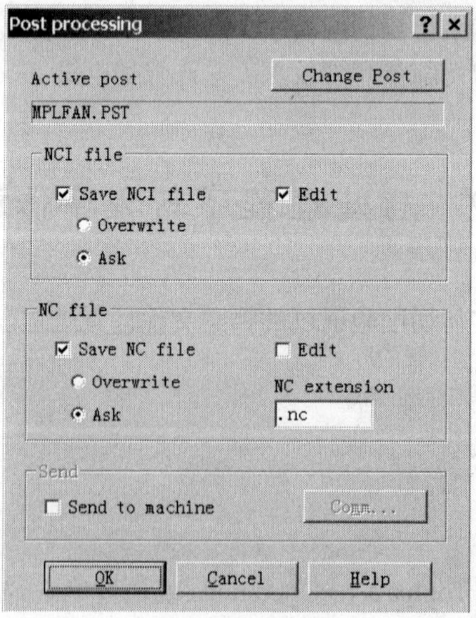

图 9-14

后置处理图 9-14 中各参数说明：Change Post：改变后置处理程序；NCI file：生成.NCI 文件；NC file：生成.NC 文件。Send machine ：将 NC 程序发送给数控机床。

3. DNC 传输的操作

（1）程序的传输格式：
%：X X X X　（程序号，由四位数字组成，必须与数控车床内存中已有的程序号不同）
……（编写的程序段）
%
（2）计算机中的程序传输到数控车床的 CNC 中操作过程如下：
① 在计算机中打开所要传输的程序，按传输按钮进入程序传输操作界面。
② 在数控车床上把“方式选择按钮”旋至“EDIT”方式，按功能键中的 “PRGRM 键”，进入程序界面，按下“INPUT 键”。
③ 在程序传输操作界面中按[Send]按钮就可以把计算机中的程序传输到数控车床中。在传输过程按下 [STOP]对应的“软键”将停止程序的传输。另外在使用计算机进行串口通信时，要做到先开车床、后开计算机；先关计算机、后关车床。避免车床在开关的过程中，由于电流的瞬时变化而冲击计算机。

9.2.2　后处理程序的修改

Mastercam 后处理生成的程序必须做一些修改才能真正传输到数控车床中。

系统生成的程序是不带程序段号的，如果需要可利用 CNC-EDIT 软件在“NC 编辑”下拉菜单中的“插入区段号码”插入程序段号。

在程序中，凡是带括号的程序段、G18 所在的程序段、G30 所在的程序段、T0X00（如 T0101）所在的程序段均可以删除。对 G50 所在的程序段，首先把程序段中的 Y0 删除；其次：①如果采用的是 G50 建立的工件坐标系，那么按程序中的 X、Z 值移动到位，或按你的 X、Z 移动值修改程序中的 X、Z 值；②如果采用的是以 G54~G59 建立工件坐标系，则需修改此程序段。

9.2.3　练习题

（1）按图 9-15 所示，通过 Mastercam 造型，后处理生成加工程序。

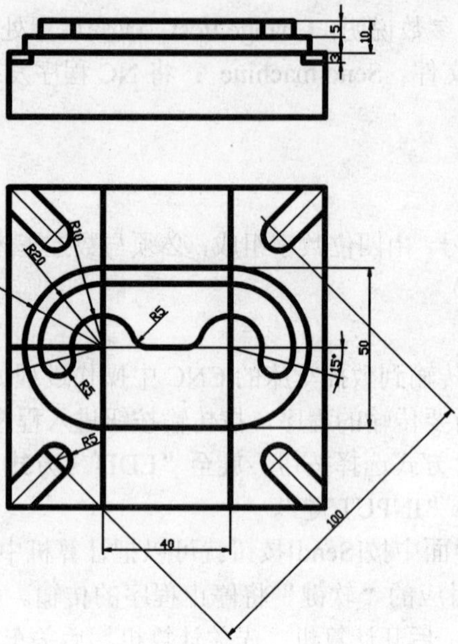

图 9-15

（2）按图 9-16 所示，通过 Mastercam 造型，后处理生成加工程序。

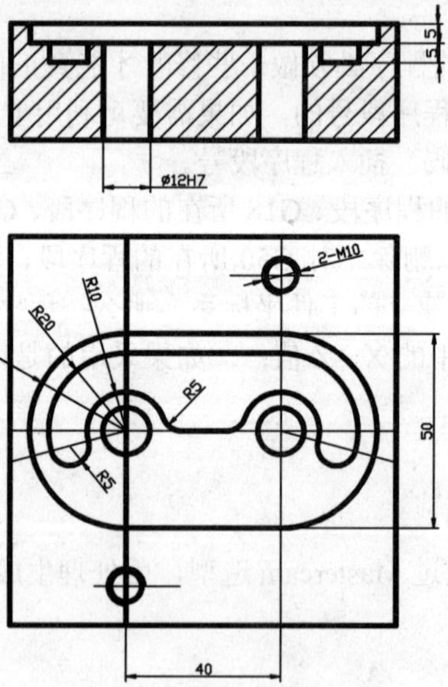

图 9-16

第 10 章 Cimatron 软件自动编程

10.1 电动剃须刀上盖的模具加工

10.1.1 工件分析

如图 10-1 所示为电动剃须刀上盖凹模，这个凹模零件，其侧壁较为陡峭，顶端有个斜坡，分型面则是一个曲面，侧面与分型面之间要求是尖角的。同时模具要求精度高，模具寿命长，所以使用了较高硬度的材料，其材料为 H13 钢，并且要求数控加工时有足够的精度，减少手工工作量。所以选用高速加工中心。毛坯为立方块，六面均已光洁。

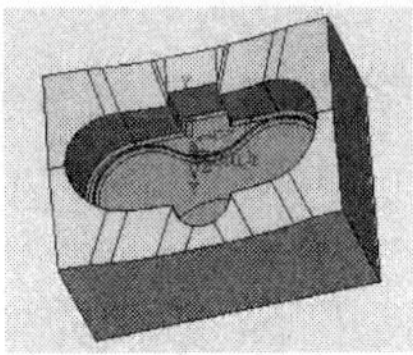
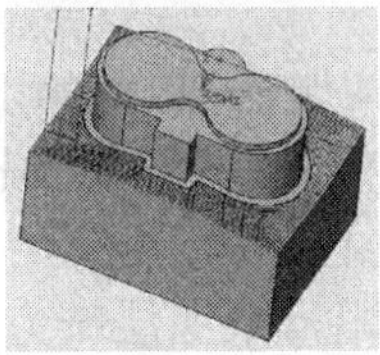

图 10-1

10.1.2 确定装夹方法

先在毛坯背面加工 4 个螺纹工艺孔，将工件固定在垫板上，通过压板压紧垫板，将工件固定在机床工作台上。

10.1.3 常用刀具的性能和选择方法

（1）常用刀具的性能。高速钢刀切削性能好通用性强常温硬度达 63～66 HRC，热处理性好，淬火时热倾向小抵抗塑变强，硬质合金刀耐熔性好切削速度比高速钢提高 4～7 倍但抗弯差承受冲击小，硬度强度高。

（2）常用刀具的选择。刀具的选择是数控加工中重要的工艺内容之一，它不仅影响机床的加工效率，而且直接影响到加工质量。编程时，选择刀具通常要考虑机床的加工能力、工序内容、工件材料等因素。与传统的加工方法相比，数控加工对刀具的要求更高。不仅要求精度高、刚度高、耐用度高，而且要求尺寸稳定、安装调整方便。这就要求采用新型优质材料制造数控加工刀具，并优选刀具参数。选取刀具时，要使刀具的尺寸与被加工工件的表面尺寸和形状相适应。生产中，平面零件周边轮廓的加工，常采用立铣刀。铣削平面时，应选硬质合金刀片铣刀；加工凸台、凹槽时，选高速钢立铣刀，但加工曲面较低平坦部位时，刀具以球头顶端刃切削，切削条件较差时选用环形刀。对一些主体型面和变斜角轮廓的加工常采用球头铣刀、环形铣刀、鼓铣刀、锥型刀和盘型刀。

10.1.4 坐标系的选择（加工原点的确定和 G54 的确定）

加工坐标系选择 G54，加工坐标系原点设在零件上表面的中点上。

10.1.5 工步安排

按照先粗后精、先整体后局部、先大后小的原则安排加工工步内容，填写表 10-1 数控加工工序卡片。首先进行粗加工去除大部分的加工余量。粗加工时采用环切-3D 方法进行加工，型腔的粗加工使用直径为 ϕ12 刀具半径为 R0.4 的硬质合金铣刀进行加工，刀具材料为 TiALN，直径 ϕ12 mm，半径为 R0.4 mm，设置主轴转速为 1 000 r/min，机床进给为 500 mm/min。

完成粗加工后进行半精加工，以便精加工时各个部位的加工余量相对均匀。使用 ϕ4 mm 的整体式硬质合金平底立铣刀。设置主轴转速为 1 000 r/min，机床进给为 500 mm/min。采用二次开粗加工方法进行加工。

本工件的侧壁较为陡峭，采用层铣方法，使用 ϕ4 mm 的整体式硬质合金平底刀进行加工，设置主轴转速为 1 500 r/min，机床进给为 400 mm/min，以水平方式进行加工。

水平面加工，采用层铣的方法，使用 ϕ4 mm 的整体式硬质合金平底立铣刀进行加工，设置主轴转速为 1 500 r/min，机床进给为 400 mm/min，以水平方式进行加工。

表 10-1 数控加工工序卡片

单位名称	（单位）		产品名称代号		零件名称			零件图号
工艺序号	程序编号	夹具名称	夹具编号		使用设备			车间
工部号	工部作业内容	加工面	刀具号	刀具规格	主轴转速	进给速度	切削深度	备　注
1	粗加工环行铣	整体	T01	Φ 12R0.4 环形刀	1000	500	−20.2	
2	二次开初	整体	T02	Φ3 平底立铣刀	1000	500	−20.2	
3	曲面铣根据层精铣	侧面	T03	Φ2 的平底立铣刀	1500	400	−20.2	
4	曲面铣根据层精铣	水平面	T03	Φ2 的平底立铣刀	1500	400	−20.2	
编　制	审核		批准		年　月　日		共　页	第　页

10.1.6　Cimatron 刀路设置及仿真（凹模）

（1）在零件环境下打开预加工的零件（电动剃须刀上盖——凹模）。

（2）单击菜单中的“文件”→“输入”→“到加工”。

（3）创建刀具。

单击编程向导条中的“刀具”按钮，进入新建刀具功能，屏幕上会弹出“刀具和卡头”对话框，再单击“新建刀具”按钮，如图 10-2 所示，设置刀具参数进行刀具的新建。

输入刀具名称：D12R0.4：刀具几何类型：环形刀：直径：12；拐角半径 0.4；其余参数按默认值。

再次单击“新建刀具”按钮，输入刀具名称 D4，直径 4 和名称 D2，直径 2。然后单击确定按钮完成刀具创建，返回到主工作界面。

（4）创建刀路轨迹：单击编程向导条中创建刀路图标，进入“创建刀路”模式，如图 10-3 所示。

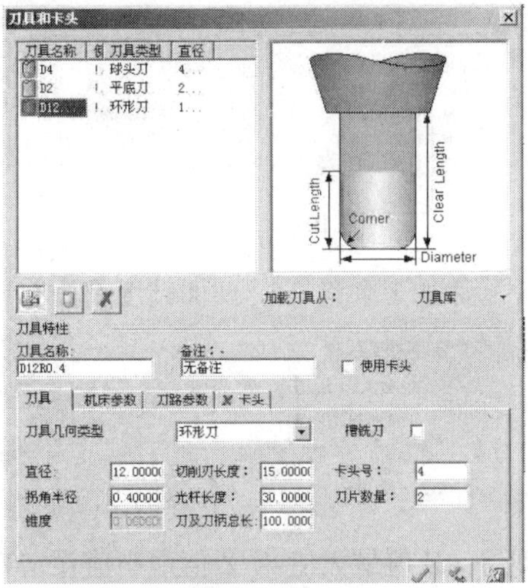

图 10-2

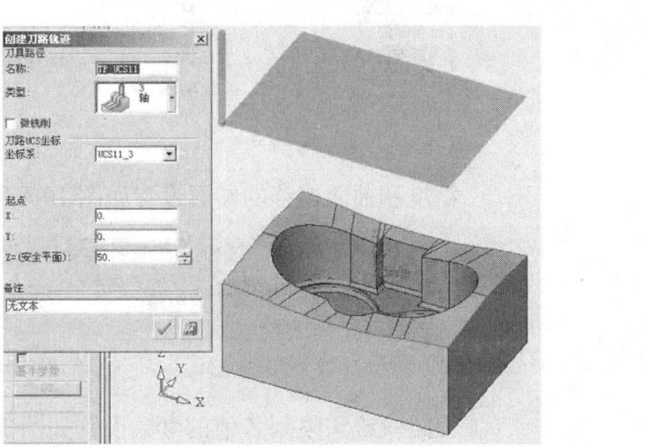

图 10-3

（5）创建毛坯

单击编程向导条中创建毛坯图标，进入“初始毛坯”对话框，毛坯类型选择“限制盒”，系统自动创建一个刚好能包含零件模型的长方体，再单击“关闭并计算”图标，在“程序管理器”窗口中，增加了毛坯项目。

10.1.7　使用初加工环切铣进行初加工

（1）开始创建程序。单击编程向导条中的“创建程序”按钮，此时屏幕上的向导条改变成程序向导栏。

（2）选择工艺。在“工艺”对话框中，主选项选择“体积铣”，子选项选择“传统加工程序”→“粗加工环行铣”。

（3）选择刀具。单击“刀具和卡头”对话框，在“刀具”列表框中选择名称为 D12R0.4 的刀具作为当前刀具，单击确定按钮完成刀具选择。

（4）选择加工对象。单点击“轮廓”后面的“0”按钮，进入轮廓对话框，选择刀具位置为“在轮廓上面”。把鼠标移到分型面上，逐一选择所有分型面的边，单击中键确定，产生粉红色边界，再次按中键退出；单击“零件曲面”后的“0”按钮，通过鼠标右键选择全部，选择后为红色，单击中键确认，此时曲面为绿色，就完成加工曲面的选择。

（5）设置刀路参数

① 安全平面的参数设置如图 10-4 所示，内部安全高度选增量，增量值为 3。

② 进刀与退刀点的参数设置如图 10-5 所示，进刀点自动进刀角度设为 2.000 钻削 Z 值进给起始点设为 3.000。

安全平面	
使用安全高度	☑
安全平面	50.0000
内部安全高度	优化
坐标系名称	MODEL

图 10-4

进刀和退刀点	
进入方式	优化
进刀角度	3.0000
最小切削宽度	0.2000
最大螺旋半径	5.7600
外部进入边界限制	☑

图 10-5

③ 精度和曲面偏移的参数设置如图 10-6 所示，零件加工余量 0.3，曲面精度都为 0.1。

精度和曲面偏移	基本参数
零件加工余量	0.5000
曲面精度	0.1000

图 10-6

④ 刀路轨迹和限制 Z 值的参数设置如图 10-7 所示，Z 值最大值 0，Z 值最小值设定方法：点击型腔底部，切削深度设为-30，侧向步长为 6，固定垂直步长为 0.5，铣削方式选择顺铣，加工由选择区域。

参数	值
刀路轨迹	
切削方向	顺铣
策略	优化
垂直步进类型	固定
固定垂直步进	0.5000
侧向步长	6.0000
环切	☐
加工由	区域
半精轨迹	所有周围
为半精轨迹留余量	0.6000

限制Z值	向上和底部
Z值最大值	0.0000
Z-顶部之上检查毛坯	☐
Z值最小值	-30.0000

图 10-7

（6）机床参数的设置如图10-8所示，主轴转速设为1000，进给设为500。

（7）完成设置后保存并计算，自动显示刀路轨迹如图10-9所示，点击隐藏刀具轨迹。

图10-8

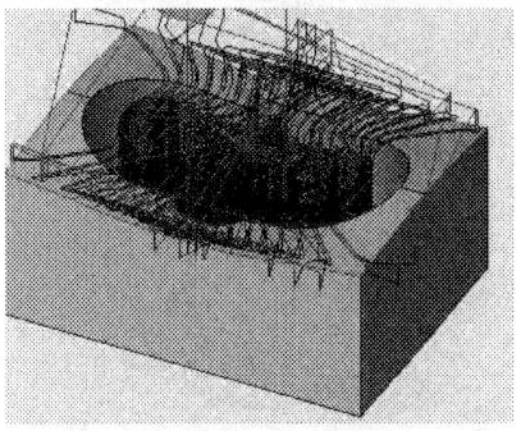

图10-9

10.1.8　用二次开粗进行半精加工

（1）开始创建程序。单击编程向导条中的“创建程序”按钮，此时屏幕上的向导条改变成程序。

（2）选择工艺。选择体积铣中的二次开粗。

（3）选择刀具。单击“刀具和卡头”对话框，在“刀具”列表框中选择名称为D4的刀具作为当前刀具，单击确定按钮，完成刀具选择。

（4）确认加工对象。默认轮廓1，曲面53。

（5）设置刀路参数。

① 安全平面的参数设置如图10-10所示，内部安全高度选优化。

② 刀路轨迹的参数设置如图10-11所示，切削方向为顺铣，垂直步进类型可变，最大垂直步进0.5，最小垂直步进0.125，侧向步长2。

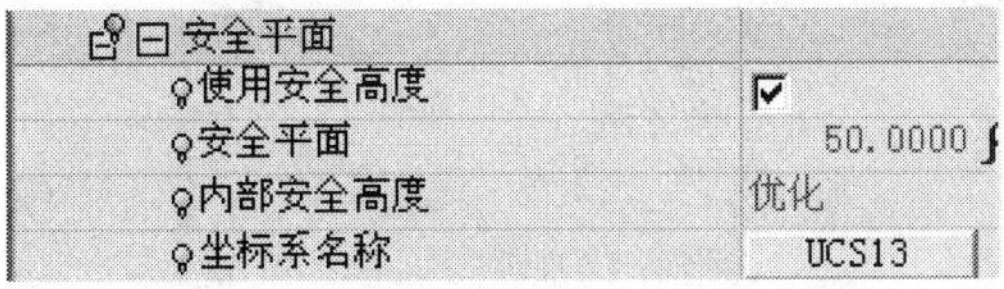

图10-10

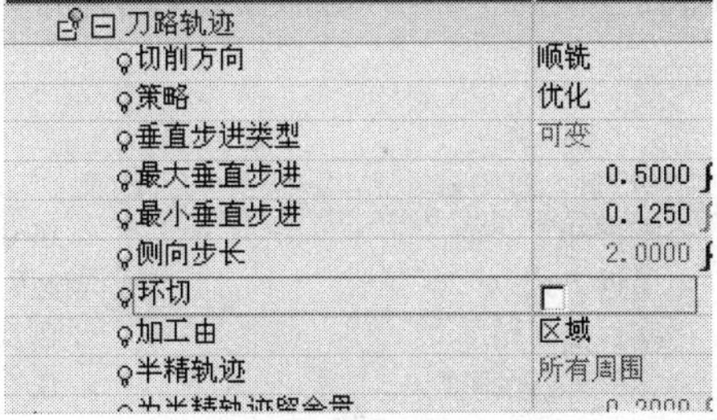

图10-11

（6）机床参数的设置如图10-12所示，主轴转速1000，进给500。

（7）完成设置后保存并计算，自动显示刀路轨迹如图10-13所示，点击隐藏刀具轨迹。

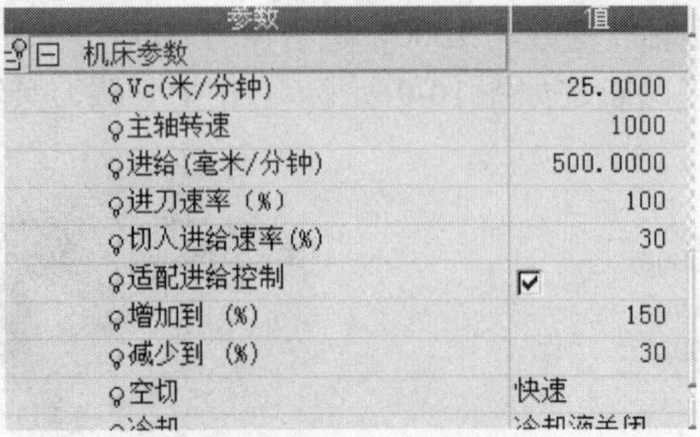

图 10-12

图 10-13

10.1.9 用曲面铣根据层精加工侧壁

（1）开始创建程序。单击编程向导条中的“创建程序”按钮，此时屏幕上的向导条改变成程序向导栏。

（2）选择工艺。选择曲面铣根据层。

（3）选择刀具。单击“刀具和卡头”对话框，在“刀具”列表框中选择名称为 D2 的刀具作为当前刀具，单击确定按钮完成刀具选择。

（4）选择加工对象。单击“轮廓”后面的“0”按钮，进入轮廓对话框，选择刀具位置为“在轮廓内部。选取分型面上的内轮廓线，双击中建退出，零件曲面默认。

（5）设置刀路参数

① 精度和曲面偏移的参数设置如图 10-14 所示，零件加工余量 0，曲面精度都为 0.01。

② 刀路轨迹的参数设置如图 10-15 所示，Z 值最大值设为 0，Z 值最小值高为-22.22，（也可点击型腔底部自动设置），切削深度设为 0.3，拐角铣削设为外部圆角，铣削方式选择顺铣方向向下。层间高速连接选择打开。

图 10-14

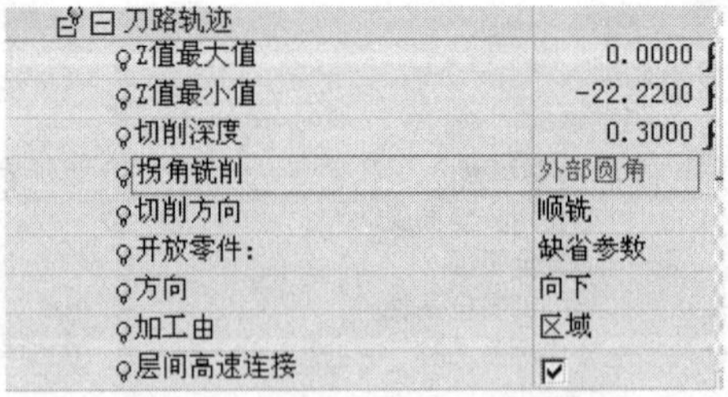

图 10-15

③ 层间铣削的参数设置如图 10-16 所示，层间方式水平加工，子选择平行切削，切削方向双向交迭长度 0.5，加工顺序仅层，侧向步长 0.4，其余默认。

④ 机床的参数的设置为主轴转速 1500，进给 400。

（6）其他参数默认。

（7）完成设置后保存并计算，自动显示刀路轨迹如图 10-17 所示，点击隐藏刀具轨迹。

层间铣削	
层间方式	水平加工
子选择:	平行切削
步进方式	2D 侧向步进
侧向步长	0.4000
限制角度	30.0000
铣削角度	0.0000
切削方向	双向
交迭由	长度
交迭长度	0.5000
侧壁加工余量	0.0000

图 10-16

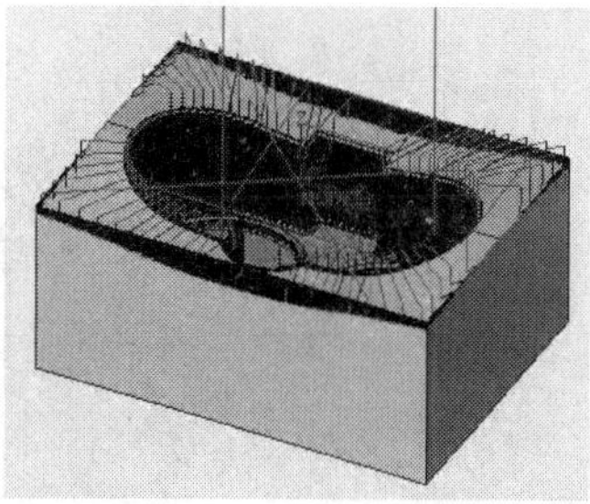

图 10-17

10.1.10　用曲面铣根据层精加工分型面

（1）开始创建程序。单击编程向导条中的“创建程序”按钮，此时屏幕上的向导条改变成程序。

（2）选择工艺。选择曲面铣根据层。

（3）选择刀具。单击“刀具和卡头”对话框，在“刀具”列表框中选择名称为 D2 的刀具作为当前刀具，单击确定按钮完成刀具选择。

（4）选择加工对象。单击“轮廓”后面的“0”按钮，进入轮廓对话框，选择刀具位置为“在轮廓上面”。把鼠标移到分型面上，逐一选择所有分型面的边，单击中键确定，再选取分型面上的内轮廓线，双击中建退出。零件曲面选取分型面，双击中建退出。

（5）设置刀路参数。

① 刀路轨迹的参数设置如图 10-18 所示。

② 层间铣削的参数设置如图 10-19 所示。

刀路轨迹	
Z值最大值	0.0000
Z值最小值	-22.2200
切削深度	0.3000
拐角铣削	外部圆角
切削方向	顺铣
开放零件:	缺省参数
方向	向下
加工由	区域
层间高速连接	☑

图 10-18

层间铣削	
层间方式	水平加工
子选择:	平行切削
步进方式	2D 侧向步进
侧向步长	0.4000
限制角度	30.0000
铣削角度	0.0000
切削方向	双向
交迭由	长度
交迭长度	0.5000
侧壁加工余量	0.0000
显示 3D 曲线	☐
加工顺序	仅水平区域

图 10-19

（6）其他参数同曲面铣根据层精加工侧壁一样。

（7）完成设置后保存并计算，自动显示刀路轨迹如图 10-20 所示，点击隐藏刀具轨迹。

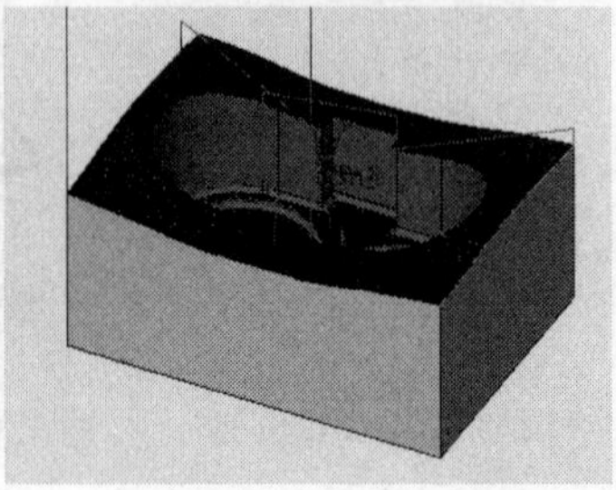

图 10-20

10.1.11　高级仿真及凸模加工

（1）点击仿真按钮，选择所有刀路轨迹进行切削仿真，如图 10-21 所示为仿真结果。

（2）凸模加工。分别利用初加工环切铣进行粗加工，用二次开粗进行半精加工，曲面铣精加工侧壁，曲面铣精加工水平面。四步的刀路轨迹分别如图 10-22～10-25 所示。

（3）高级仿真。点击仿真按钮，选择所有刀路轨迹切削仿真，如图 10-25。

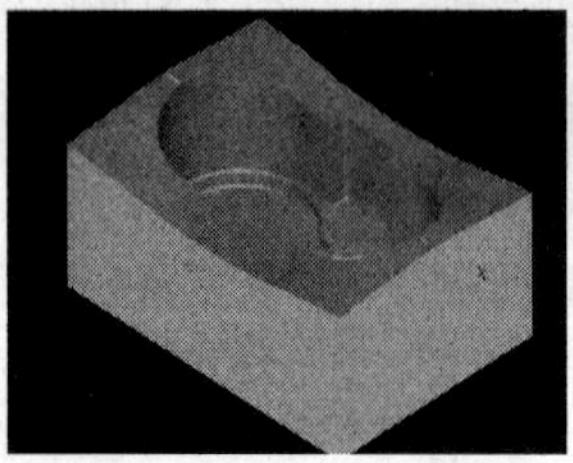

图 10-21

图 10-22

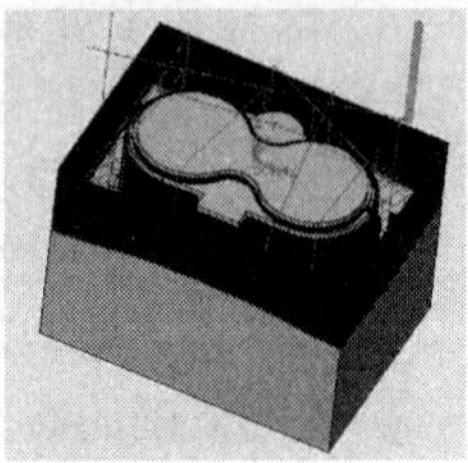

图 10-23

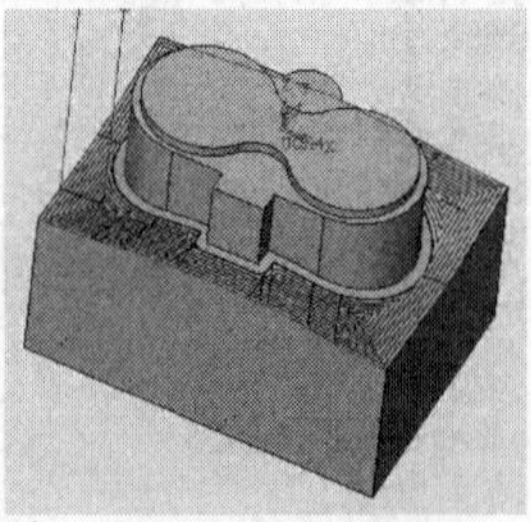

图 10-24

图 10-25

10.1.12 后置处理

选择凹模作后置处理，单击编程向导工具条中的“后置处理”按钮，将加工程序中所有程序加入后置序列进行后置处理以生成加工程序。目标文件保存自选重命名文件类型：仅 G 代码扩展名为*.NC。选择完成之后显示输出文件，修改程序并保存。

结果如下：

```
O 0100
T04
T02
G90 G80 G00 G17 G40
G43 H04 Z50. S1000 M03
G00 X5.216 Y-33.538 Z50. M08
Z3.
G01 Z1. F500
Z-0.5 F150
X4.82 Y-32.516 F500
X2.839 Y-27.408
X2.442 Y-26.386 F150
X2.046 Y-25.364
X1.818 Y-24.9
……
X2.723 Y-7.161
X2.633 Y-7.108
X-2.627
X-2.274 Y-6.896
X-1.856 Y-6.708
X1.854
G00 Z50.
M30
```

10.1.13 综合练习

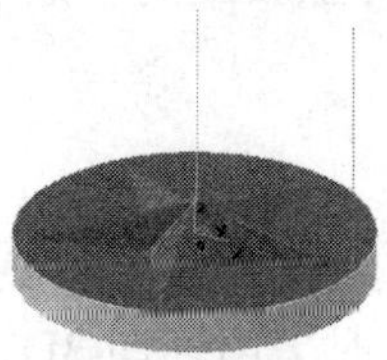
五角星

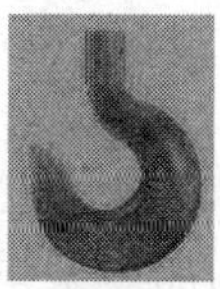
吊钩

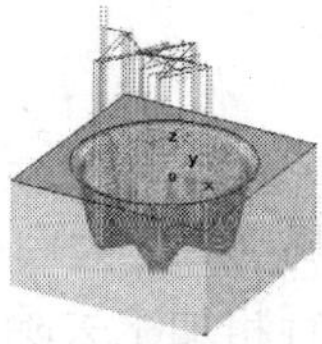
可乐瓶底加工

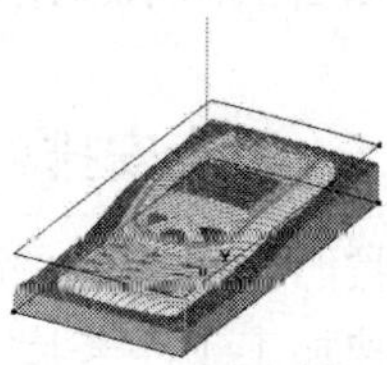
手机曲面

10.2 电视遥控器外壳加工

10.2.1 工件分析

遥控器要求精度高，模具寿命长，所以使用了较高硬度的材料，其材料为H13钢，并且要求数控加工时有足够的精度。减少手工工作量，所以选用高速加工中心。毛坯为立方块，六面均已光洁。

10.2.2 确定装夹方法

根据工艺分析可知，该零件选择工艺板的装夹形式。先在毛坯背面加工4个螺纹工艺孔，将工件固定在垫板上，通过压板压紧垫板，将工件固定在机床工作台上。

10.2.3 常用刀具的性能和选择方法

高速钢刀切削性能好通用性强常温硬度达 63～66 HRC，热处理性好，淬火时热倾向小抵抗塑变强，硬质合金刀耐熔性好切削速度比高速钢提高4～7倍，但抗弯差承受冲击小，硬度强度高。

刀具的选择是数控加工中重要的工艺内容之一，它不仅影响机床的加工效率，而且直接影响到加工质量。编程时，选择刀具通常要考虑机床的加工能力、工序内容、工件材料等因素。与传统的加工方法相比，数控加工对刀具的要求更高。不仅要求精度高、刚度高、耐用度高，而且要求尺寸稳定、安装调整方便。这就要求采用新型优质材料制造数控加工刀具，并优选刀具参数。选取刀具时，要使刀具的尺寸与被加工工件的表面尺寸和形状相适应。生产中，平面零件周边轮廓的加工，常采用立铣刀。铣削平面时，应选硬质合金刀片铣刀；加工凸台、凹槽时，选速钢立铣刀，但加工曲面较低平坦部位时，刀具以球头顶端刃切削，切削条件较时选择环形刀。对一些主体型面和变斜角轮廓的加工常采用球头铣刀、环形铣刀、鼓铣刀、锥型刀和盘型刀。

10.2.4 坐标系的选择（加工原点的确定和G54的确定）

加工坐标系选择G55，为了加工的方便，将加工坐标系原点设在零件上表面的中点上。

10.2.5 工步安排

按照先粗后精、先整体后局部、先大后小的原则安排加工工步内容，填写如表10-2所示数控加工工序卡片。首先进行粗加工去除大部分的加工余量。粗加工时采用环切-3D 方法进行加工，型腔的粗加工使用 ϕ16R0.4 的应硬质合金进行加工，刀具材料为 TiALN，直径为 ϕ16 mm，半径为 R0.4 mm，主轴转速为 8 000 r/min，机床进给为 3 500 mm/min。

完成粗加工后进行半精加工，以使得在精加工时各个部位的加工余量相对均匀。使用 ϕ4 mm 的整体式硬质合金平底立铣刀。设置主轴转速为 16 000 r/min，机床进给为 1 100 mm/min。采用二次开粗加工方法进行加工。

侧壁加工，采用层铣方法，使用 ϕ2 mm 的整体式硬质合金平底刀进行加工，设置主轴转速为 22 000 r/min，机床进给为 2 000 mm/min，以水平方式进行加工。

水平面加工，采用层铣的方法，使用 ϕ2 mm 的整体式硬质合金平底立铣刀进行加工，设置主轴转速为 22 000 r/min，机床进给为 2 000 mm/min，以水平方式进行加工。

表 10-2　数控加工工序卡片

<table>
<tr><td>单位名称</td><td colspan="2"></td><td colspan="2">产品名称代号</td><td colspan="3">零件名称</td><td>零件图号</td></tr>
<tr><td>工艺序号</td><td>程序编号</td><td>夹具名称</td><td colspan="2">夹具编号</td><td colspan="3">使用设备</td><td>车间</td></tr>
<tr><td></td><td></td><td></td><td colspan="2"></td><td colspan="3"></td><td></td></tr>
<tr><td>工部号</td><td>工部作业内容</td><td>加工面</td><td>刀具号</td><td>刀具规格</td><td>主轴转速</td><td>进给速度</td><td>切削深度</td><td>备注</td></tr>
<tr><td>1</td><td>粗加工环行铣</td><td>整体</td><td>T01</td><td>Φ2 平底刀</td><td>1000</td><td>400</td><td>−5</td><td></td></tr>
<tr><td>2</td><td>精加工环行铣</td><td>整体</td><td>T01</td><td>Φ2 平底刀</td><td>1200</td><td>500</td><td>−5</td><td></td></tr>
<tr><td>3</td><td>曲面铣根据层精铣</td><td>侧面</td><td>T02</td><td>Φ4R2 球头刀</td><td>1200</td><td>500</td><td>−5</td><td></td></tr>
<tr><td>编制</td><td></td><td>审核</td><td></td><td>批准</td><td></td><td>年　月　日</td><td>共　页</td><td>第　页</td></tr>
</table>

10.2.6　模型分析

1. Cimatron 刀路设置及仿真（凹模）

在零件环境下打开预加工的零件（遥控器）。单击菜单中的“文件”→“输入”→“到加工”。

单击编程向导条中的“刀具”按钮，进入新建刀具功能，屏幕上会弹出“刀具和卡头”对话框，再单击“新建刀具”按钮，如图 10-26 所示设置刀具参数进行刀具的新建。

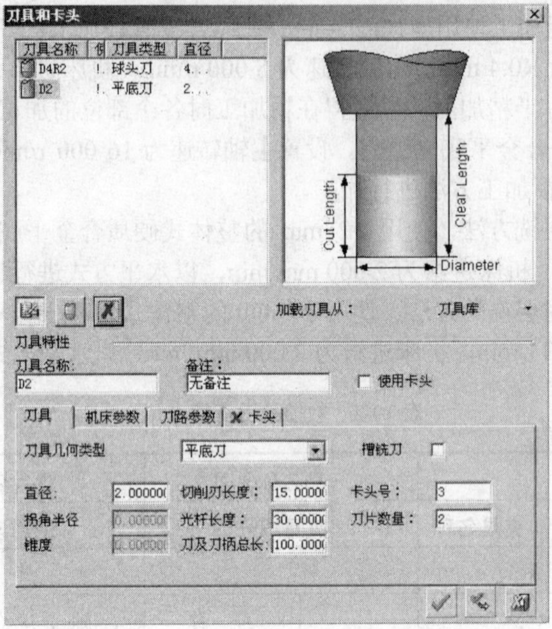

图 10-26

输入刀具名称：D2，刀具几何类型：平底刀，直径：2，其余参数按默认值。然后单击确定按钮✓完成刀具创建，返回到主工作界面。

创建刀路轨迹：单击编程向导条中创建刀路图标，进入“创建刀路”模式，如图 10-27 所示。

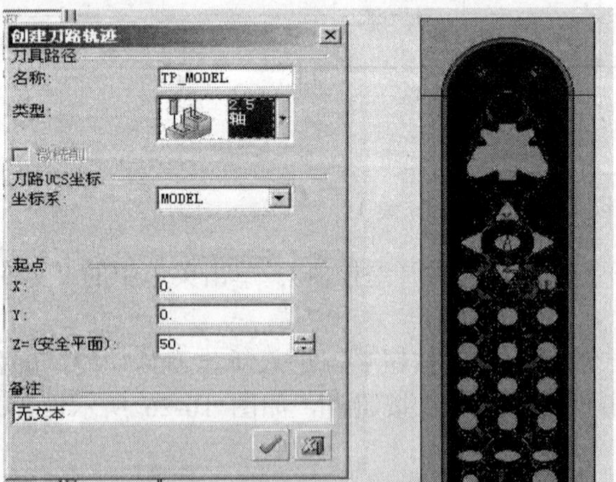

图 10-27

单击编程向导条中创建毛坯图标，进入“初始毛坯”对话框，毛坯类型选择“限制盒”，系统自动创建一个刚好能包含零件模型的长方体，再单击“关闭并计算”图标，此时在“程序管理器”窗口中，增加了毛坯项目。

2. 使用粗加工环切铣进行粗加工

（1）单击编程向导条中的“创建程序”按钮，此时屏幕上的向导条改变成程序向导栏。

（2）在“工艺”对话框中，主选项选择“2.5 轴”，子选项选择“粗加工环行铣”。

（3）单击“刀具和卡头”对话框，在“刀具”列表框中选择名称为 D16R0.4 的刀具作为当前刀具，单击确定按钮完成刀具选择。

（4）单击“轮廓”后面的“0”按钮，进入轮廓对话框，选择刀具位置为“在轮廓上面”。把鼠标移到分型面上，逐一选择所有分型面的边，单击中键确定，产生粉红色边界，再单击中键确定。

（5）设置刀路参数。

① 安全平面的参数设置如图 10-28 所示，内部安全高度选优化。

② 进刀与退刀点的参数设置如图 10-29 所示，进刀点自动进刀角度 3.000。

图 10-28

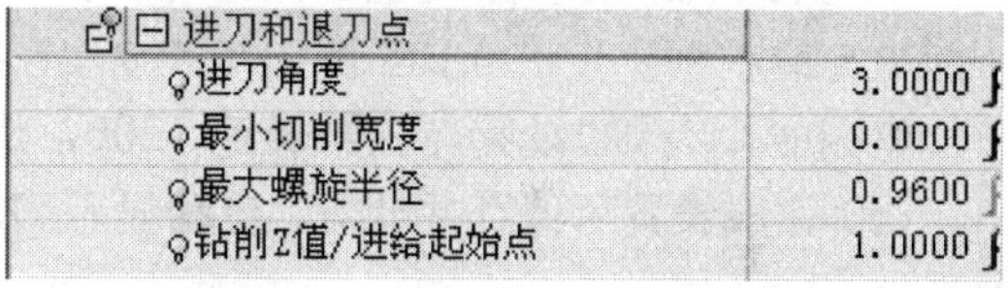

图 10-29

③ 精度和曲面偏移的参数设置如图 10-30 所示，零件加工余量 0.3，曲面精度为 0.1。

④ 刀路轨迹的参数设置如图 10-31 所示，侧向步长 8，固定垂直步长 0.5，铣削方式顺铣，加工由区域。

图 10-30

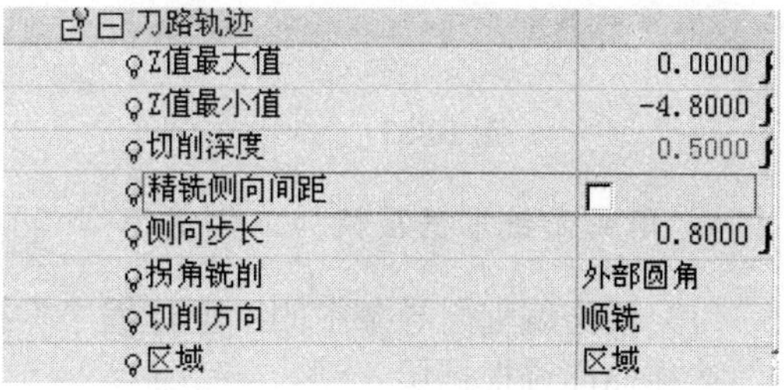

图 10-31

⑤ 机床的参数的设置如图 10-32 所示，主轴转速 1000，进给 500。

机床参数	
Vc(米/分钟)	6.2832
主轴转速	1000
进给(毫米/分钟)	500.0000

图 10-32

⑥ 完成设置后保存并计算自动显示刀路轨迹，如图 10-31 所示，点击隐藏刀具轨迹。

3. 用二次开粗进行半精加工

（1）单击编程向导条中的“创建程序”按钮，此时屏幕上的向导条改变成程序向导栏。

（2）选择 2.5 轴中的形腔铣削－毛坯环切。

（3）单击“刀具和卡头”对话框，在“刀具”列表框中选择名称为 D2 的刀具作为当前刀具，单击确定按钮完成刀具选择。

（4）设置刀路参数

① 安全平面的参数设置如图 10-33 所示，内部安全高度选优化。

② 刀路轨迹的参数设置如图 10-34 所示，切削方向顺铣垂直步进类型可变，最大垂直步进 0.5 最小垂直步进 0.125 侧向步长 2。

③ 机床参数的设置，主轴转速 1200，进给 500。

（5）完成设置后保存并计算，自动显示刀路轨迹如图 10-34 所示，点击隐藏刀具轨迹。

使用安全高度	☑
安全平面	50.0000
内部安全高度	增量
增量	3.0000
坐标系名称	MODEL

图 10-33

刀路轨迹	
Z值最大值	0.0000
Z值最小值	-5.0000
切削深度	0.2000
精铣侧向间距	☐
侧向步长	0.8000
拐角铣削	外部圆角
切削方向	顺铣
区域	区域

图 10-34

4. 用曲面铣根据层精加工侧壁

（1）单击编程向导条中的“创建程序”按钮，此时屏幕上的向导条改变成程序向导栏。选择曲面铣根据层。

（2）单击“刀具和卡头”对话框，在“刀具”列表框中选择名称为 D4R2 的刀具作为当前刀具，单击确定按钮完成刀具选择。

（3）单击“轮廓”后面的“0”按钮，进入轮廓对话框，选择刀具位置为“在轮廓内部。选取分型面上的内轮廓线，双击中键退出，零件曲面默认。

（4）设置刀路参数

① 精度和曲面偏移的参数设置如图 10-35 所示，轮廓精度为 0.01。

参数	值
轮廓精度	0.0100

图 10-35

② 刀路轨迹的参数设置如图 10-36 所示。

参数	值
Z值最大值	0.0000
Z值最小值	-5.0000
切削深度	0.2000
拐角铣削	外部圆角
切削方向	顺铣
铣削方向	由内向外
铣削外部轮廓	☑

图 10-36

③ 机床参数的设置，主轴转速 1 200，进给 500。

（5）其他参数默认。

完成设置后保存并计算，自动显示刀路轨迹如图 10-37 所示，点击隐藏刀具轨迹。

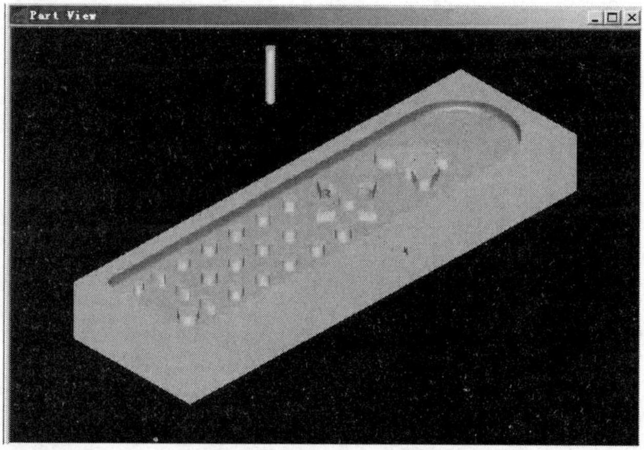

图 10-37

5. 后置处理

选择凹模作后置处理，单击编程向导工具条中的“后置处埋”按钮，将加工程序中所有程序加入后置序列进行后置处理以生成加工程序。目标文件保存自选重命名文件类型：

仅 G-代码扩展名：*.NC。选择完成之后显示输出文件，修改程序并保存。

结果如下：

```
O 0100
G90 G80 G00 G17 G40
G43 H01 Z50. S1000 M03
G00 X-3.024 Y-91.451 Z50. M09
Z1.1
......
G03 X12.19 Y100.614 I-24.38
X-24.38 Y79.5 I-12.19 J-21.114
G01 Y-10.6
X-22.38
G00 Z50.
M30
```

附　　录

附一：

数控车床安全操作规程

（1）在进入实训室以前，必须穿戴好劳动防护用品，如扣紧衣服，扎紧袖口，长头发女生必须戴上工作帽。不准穿裙子、拖鞋、凉鞋、高跟鞋、围围巾、戴手套工作，以免被卷入机床的旋转部分，造成事故。

（2）学员必须在教师指导下严格按照操作步骤进行数控机床的操作。

（3）学员必须熟悉机床的一般性能、结构、传动原理及控制系统，严禁超性能使用。

（4）机床操作前检查电器控制系统是否正常。各开关、手柄是否在规定位置，润滑油路是否畅通，油液是否良好，并按要求加足润滑油。

（5）开机时应先低速空转 3～5 分钟，察看各部件运转是否正常。

（6）加工零件前，必须严格检查机床原点，刀具数据是否正常。

（7）学员必须在操作步骤完全清楚情况后进行操作，遇到问题及时向老师询问，禁止在不知道的情况下进行尝试性操作，禁止违规操作。

（8）学员编完程序后，应在通过模拟后无误或经指导老师检查无误后方可进行加工，机床模拟加工必须在机床锁住情况下进行。

（9）加工过程中操作者不得擅自离开机床，防止由于计算机误控造成工件报废或机床事故。

（10）严禁多人同时操作，强调机床单人操作。学员不得在实习场地打闹、嬉戏。

（11）程序运行注意事项：

① 程序启动前光标要放在主程序头。

② 启动程序时一定要一手按开始开关，一手按急停开关，程序在运行当中手不能离开急停开关，如有特殊情况立即按下急停开关。

③ 在程序运行中，如有暂停测量工件尺寸时必须要待机床完全停止、主轴停旋后方可进行测量。此时千万注意不要触及开始按钮，以免发生人身事故。

（12）机床在运行当中要将防护门关闭，以免切屑、润滑油飞出伤人。

（13）工作中发生不正常现象或故障时应立即停机并通知老师检修。

（14）工作完毕后，应清扫机床及周围场地，并将刀架及尾架移至床尾，按下急停开关，关闭电源，必须整理好量具、工具并摆放整齐。

附二：

加工中心（数控铣床）安全操作规程

（1）在进入实训室以前，必须穿戴好劳动防护用品，如扣紧衣服，扎紧袖口，长头发女生必须戴上工作帽。不准穿裙子、拖鞋、凉鞋、高跟鞋、围围巾、戴手套工作，以免被卷入机床的旋转部分，造成事故。

（2）学员必须在教师指导下严格按照操作步骤进行加工中心或数控铣床的操作。

（3）学员必须熟悉机床的一般性能、结构、传动原理及控制系统，严禁超性能使用。

（4）机床操作前检查电气控制系统和供气装置工作是否正常。各开关、手柄是否在规定位置，润滑油路是否畅通，油液是否良好，并按要求加足润滑油。

（5）开机时应先低速空转 3～5 分钟，察看各部件运转是否正常。

（6）加工零件前，必须严格检查机床原点，刀具数据是否正常。

（7）学员必须在完全了解并掌握操作步骤情况后进行操作，遇到问题及时向老师询问，禁止盲目进行尝试性操作，禁止违规操作。

（8）学员编完程序后，应在通过模拟后无误或经指导老师检查无误后方可进行加工，机床模拟加工必须在机床锁住情况下进行。

（9）加工过程中操作者不得擅自离开机床，指导老师不得离开现场，防止由于计算机误控造成工件报废或机床事故。

（10）学员不得在实习场地打闹、嬉戏，严禁多人同时操作，强调机床单人操作。

（11）学员进行机床试运行及自动加工时必须在指导老师的监督下进行。

（12）程序运行注意事项：

① 机床在试运行前必须将 G54 或增量坐标系提高+100 mm 以上。

② 程序启动前刀具要距离工件 200 mm 以上。

③ 光标要放在主程序头。

④ 启动程序时一定要一手按开始开关，一手按急停开关，程序在运行当中手不能离开急停开关，如有特殊情况立即按下急停开关。

（13）在程序中有暂停测量工件尺寸时要待机床完全停止、主轴停旋后方可进行测量。此时千万注意不要触及开始按钮，以免发生人身事故。

（14）机床在运行当中要将防护门关闭，以免切屑、润滑油飞出伤人。

（15）机床运行中发生不正常现象或故障时应立即停机并通知教师。

（16）工作完毕后，应清扫机床及周围场地，并将工作台移至机床中间靠近机床床身，按下急停开关，关闭电源，整理好量具、工具并摆放整齐。

附三：

空压机房安全操作规程

（1）空压机房由专人负责，其他人员不得进入机房。

（2）遵守压力容器安全操作的一般规定。

（3）开机前应检查一切防护装置和安全附件是否处于完好状态，检查各处的润滑油面是否合乎标准，不合乎要求不得开机。

（4）安全阀须按使用工作压力定压，每班拉动、检查一次，每周做一次自动试验，每年由专业检验单位与标准压力表校正一次，并立即铅封。

（5）机器在运转中或设备有压力的情况下，不得进行任何修理工作。

（6）压力表每年应校验，铅封，保存完好。使用中如发现指针不能回零位，表盘刻度不清或破碎等，应立即更换。工作时在运转中若发生不正常声响，气味，振动或发生故障，应立即停机，检修好才准使用。

（7）空压机每周须放水一次，提高空压机的使用寿命。

（8）保持机房内清洁、卫生，机房内不准放置易燃易爆物品。

附四：

数控加工模拟机房操作规程

（1）学生进入机房上机必须遵守管理制度，服从指导老师的安排。

（2）衣冠不整者不得进入机房上机。

（3）严格遵守操作规程，按正常步骤操作。使用计算机过程中，发现设备出现故障应及时向指导老师报告进行处理，不得擅自处理。

（4）未经许可，不得随意进出机房。不得在机房内、走廊上喧哗、吵闹，应保持机房安静。

（5）未经许可，不得随意挪用、调换、插拔机房内所有设备。人为损坏机房设备者，要按价赔偿损失。

（6）为确保计算机正常工作，不得删除计算机内系统文件和应用软件，不得更改计算机内的各项配置。

（7）未经许可不得使用光驱和U盘，违者取消上机资格。

（8）上机时，不得做和上机课题无关内容，违者取消上机资格。

（9）保持机房整洁卫生。不准在机房内吸烟，不准随地吐痰，不准乱丢废纸、杂物等。

（10）不允许将食物、饮料等带入机房；禁止在机房吃东西、喝饮料、嚼口香糖等。

（11）使用结束后，应关掉计算机电源，清理周边卫生，键盘、凳子归位，经指导老师同意后方可离开。

附五：

数控车工国家职业标准

1．职业概况

1.1 职业名称：数控车工。

1.2 职业定义：从事编制数控加工程序并操作数控车床进行零件车削加工的人员。

1.3 职业等级

本职业共设四个等级，分别为：中级（国家职业资格四级）、高级（国家职业资格三级）、技师（国家职业资格二级）、高级技师（国家职业资格一级）。

1.4 职业环境：室内、常温。

1.5 职业能力特征

具有较强的计算能力和空间感，形体知觉及色觉正常，手指、手臂灵活，动作协调。

1.6 基本文化程度

高中毕业（或同等学力）。

1.7 培训要求

1.7.1 培训期限

全日制职业学校教育，根据其培养目标和教学计划确定。晋级培训期限：中级不少于400标准学时；高级不少于300标准学时；技师不少于200标准学时；高级技师不少于200标准学时。

1.7.2 培训教师

培训中、高级人员的教师应取得本职业技师及以上职业资格证书或相关专业中级及以上专业技术职称任职资格；培训技师的教师应取得本职业高级技师职业资格证书或相关专业高级专业技术职称任职资格；培训高级技师的教师应取得本职业高级技师职业资格证书2年以上或取得相关专业高级专业技术职称任职资格2年以上。

1.7.3 培训场地设备

满足教学要求的标准教室、计算机机房及配套的软件、数控车床及必要的刀具、夹具、量具和辅助设备等。

1.8 鉴定要求

1.8.1 适用对象

从事或准备从事本职业的人员。

1.8.2 申报条件

（1）中级：（具备以下条件之一者）

① 经本职业中级正规培训达规定标准学时数，并取得结业证书。

② 连续从事本职业工作5年以上。

③ 取得经劳动保障行政部门审核认定的，以中级技能为培养目标的中等以上职业学校

本职业（或相关专业）毕业证书。

④ 取得相关职业中级《职业资格证书》后，连续从事本职业 2 年以上。

（2）高级：（具备以下条件之一者）

① 取得本职业中级职业资格证书后，连续从事本职业工作 2 年以上，经本职业高级正规培训，达到规定标准学时数，并取得结业证书。

② 取得本职业中级职业资格证书后，连续从事本职业工作 4 年以上。

③ 取得劳动保障行政部门审核认定的，以高级技能为培养目标的职业学校本职业（或相关专业）毕业证书。

④ 大专以上本专业或相关专业毕业生，经本职业高级正规培训，达到规定标准学时数，并取得结业证书。

（3）技师：（具备以下条件之一者）

① 取得本职业高级职业资格证书后，连续从事本职业工作 4 年以上，经本职业技师正规培训达规定标准学时数，并取得结业证书。

② 取得本职业高级职业资格证书的职业学校本职业（专业）毕业生，连续从事本职业工作 2 年以上，经本职业技师正规培训达规定标准学时数，并取得结业证书。

③ 取得本职业高级职业资格证书的本科（含本科）以上本专业或相关专业的毕业生，连续从事本职业工作 2 年以上，经本职业技师正规培训达规定标准学时数，并取得结业证书。

（4）高级技师：

取得本职业技师职业资格证书后，连续从事本职业工作 4 年以上，经本职业高级技师正规培训达规定标准学时数，并取得结业证书。

1.8.3 鉴定方式

分为理论知识考试和技能操作考核。理论知识考试采用闭卷方式，技能操作（含软件应用）考核采用现场实际操作和计算机软件操作方式。理论知识考试和技能操作（含软件应用）考核均实行百分制，成绩皆达 60 分及以上者为合格。技师和高级技师还需进行综合评审。

1.8.4 考评人员与考生配比

理论知识考试考评人员与考生配比为 1:15，每个标准教室不少于 2 名相应级别的考评员；技能操作（含软件应用）考核考评员与考生配比为 1:2，且不少于 3 名相应级别的考评员；综合评审委员不少于 5 人。

1.8.5 鉴定时间

理论知识考试为 120 分钟，技能操作考核中实操时间为：中级、高级不少于 240 分钟，技师和高级技师不少于 300 分钟，技能操作考核中软件应用考试时间为不超过 120 分钟，技师和高级技师的综合评审时间不少于 45 分钟。

1.8.6 鉴定场所设备

理论知识考试在标准教室里进行，软件应用考试在计算机机房进行，技能操作考核在配备必要的数控车床及必要的刀具、夹具、量具和辅助设备的场所进行。

2．基本要求

2.1 职业道德

2.1.1 职业道德基本知识

2.1.2 职业守则

（1）遵守国家法律、法规和有关规定；

（2）具有高度的责任心、爱岗敬业、团结合作；

（3）严格执行相关标准、工作程序与规范、工艺文件和安全操作规程；

（4）学习新知识新技能、勇于开拓和创新；

（5）爱护设备、系统及工具、夹具、量具；

（6）着装整洁，符合规定；保持工作环境清洁有序，文明生产。

2.2 基础知识

2.2.1 基础理论知识

（1）机械制图

（2）工程材料及金属热处理知识

（3）机电控制知识

（4）计算机基础知识

（5）专业英语基础

2.2.2 机械加工基础知识

（1）机械原理

（2）常用设备知识（分类、用途、基本结构及维护保养方法）

（3）常用金属切削刀具知识

（4）典型零件加工工艺

（5）设备润滑和冷却液的使用方法

（6）工具、夹具、量具的使用与维护知识

（7）普通车床、钳工基本操作知识

2.2.3 安全文明生产与环境保护知识

（1）安全操作与劳动保护知识

（2）文明生产知识

（3）环境保护知识

2.2.4 质量管理知识

（1）企业的质量方针

（2）岗位质量要求

（3）岗位质量保证措施与责任

2.2.5 相关法律、法规知识

（1）劳动法的相关知识

（2）环境保护法的相关知识

（3）知识产权保护法的相关知识

3．工作要求

本标准对中级、高级、技师和高级技师的技能要求依次递进，高级别涵盖低级别的要求。

3.1 中级（如附表 1）

附表 1 中级车工工作要求

职业功能	工作内容	技能要求	相关知识
一、加工准备	（一）读图与绘图	1．能读懂中等复杂程度(如：曲轴)的零件图 2．能绘制简单的轴、盘类零件图 3．能读懂进给机构、主轴系统的装配图	1．复杂零件的表达方法 2．简单零件图的画法 3．零件三视图、局部视图和剖视图的画法 4．装配图的画法
	（二）制定加工工艺	1．能读懂复杂零件的数控车床加工工艺文件 2．能编制简单(轴、盘)零件的数控加工工艺文件	数控车床加工工艺文件的制定
	（三）零件定位与装夹	1．能使用通用卡具（如三爪卡盘、四爪卡盘）进行零件装夹与定位	1．数控车床常用夹具的使用方法 2．零件定位、装夹的原理和方法
	（四）刀具准备	1．能够根据数控加工工艺文件选择、安装和调整数控车床常用刀具 2．能够刃磨常用车削刀具	1．金属切削与刀具磨损知识 2．数控车床常用刀具的种类、结构和特点 3．数控车床、零件材料、加工精度和工作效率对刀具的要求
二、数控编程	（一）手工编程	1．能编制由直线、圆弧组成的二维轮廓数控加工程序 2．能编制螺纹加工程序 3．能够运用固定循环、子程序进行零件的加工程序编制	1．数控编程知识 2．直线插补和圆弧插补的原理 3．坐标点的计算方法
	（二）计算机辅助编程	1．能够使用计算机绘图设计软件绘制简单(轴、盘、套)零件图 2．能够利用计算机绘图软件计算节点	计算机绘图软件（二维）的使用方法
三、数控车床操作	（一）操作面板	1．能够按照操作规程启动及停止机床 2．能使用操作面板上的常用功能键(如回零、手动、MDI、修调等）	1．熟悉数控车床操作说明书 2．数控车床操作面板的使用方法

（续表）

职业功能	工作内容	技能要求	相关知识
三、数控车床操作	（二）程序输入与编辑	1．能够通过各种途径（如 DNC、网络等）输入加工程序 2．能够通过操作面板编辑加工程序	1．数控加工程序的输入方法 2．数控加工程序的编辑方法 3．网络知识
	（三）对刀	1．能进行对刀并确定相关坐标系 2．能设置刀具参数	1．对刀的方法 2．坐标系的知识 3．刀具偏置补偿、半径补偿与刀具参数的输入方法
	（四）程序调试与运行	能够对程序进行校验、单步执行、空运行并完成零件试切	程序调试的方法
四、零件加工	（一）轮廓加工	1．能进行轴、套类零件加工，并达到以下要求： （1）尺寸公差等级：IT6 （2）形位公差等级：IT8 （3）表面粗糙度：*Ra*1.6μm 2．能进行盘类、支架类零件加工，并达到以下要求： （1）轴径公差等级：IT6 （2）孔径公差等级：IT7 （3）形位公差等级：IT8 （4）表面粗糙度：*Ra*1.6μm	1．内外径的车削加工方法、测量方法 2．形位公差的测量方法 3．表面粗糙度的测量方法
	（二）螺纹加工	能进行单线等节距的普通三角螺纹、锥螺纹的加工，并达到以下要求： （1）尺寸公差等级：IT6～IT7 级 （2）形位公差等级：IT8 （3）表面粗糙度：*Ra*1.6μm	1．常用螺纹的车削加工方法 2．螺纹加工中的参数计算
	（三）槽类加工	能进行内径槽、外径槽和端面槽的加工，并达到以下要求： （1）尺寸公差等级：IT8 （2）形位公差等级：IT8 （3）表面粗糙度：*Ra*3.2μm	内、外径槽和端槽的加工方法
	（四）孔加工	能进行孔加工，并达到以下要求： （1）尺寸公差等级：IT7 （2）形位公差等级：IT8 （3）表面粗糙度：*Ra*3.2μm	孔的加工方法
	（五）零件精度检验	能够进行零件的长度、内外径、螺纹、角度精度检验	1．通用量具的使用方法 2．零件精度检验及测量方法

（续表）

职业功能	工作内容	技能要求	相关知识
五、数控车床维护与精度检验	（一）数控车床日常维护	能够根据说明书完成数控车床的定期及不定期维护保养，包括：机械、电、气、液压、数控系统检查和日常保养等	1．数控车床说明书 2．数控车床日常保养方法 3．数控车床操作规程 4．数控系统（进口与国产数控系统）使用说明书
	（二）数控车床故障诊断	1．能读懂数控系统的报警信息 2．能发现数控车床的一般故障	1．数控系统的报警信息 2．机床的故障诊断方法
	（三）机床精度检查	能够检查数控车床的常规几何精度	数控车床常规几何精度的检查方法

3.2　高级（见附表 2）

附表 2　高级车工工作要求

职业功能	工作内容	技能要求	相关知识
一、加工准备	（一）读图与绘图	1．能够读懂中等复杂程度(如：刀架)的装配图 2．能够根据装配图拆画零件图 3．能够测绘零件	1．根据装配图拆画零件图的方法 2．零件的测绘方法
	（二）制定加工工艺	能编制复杂零件的数控车床加工工艺文件	复杂零件数控加工工艺文件的制定
	（三）零件定位与装夹	1．能选择和使用数控车床组合夹具和专用夹具 2．能分析并计算车床夹具的定位误差 3．能够设计与自制装夹辅具（如心轴、轴套、定位件等）	1．数控车床组合夹具和专用夹具的使用、调整方法 2．专用夹具的使用方法 3．夹具定位误差的分析与计算方法
	（四）刀具准备	1．能够选择各种刀具及刀具附件 2．能够根据难加工材料的特点，选择刀具的材料、结构和几何参数 3．能够刃磨特殊车削刀具	1．专用刀具的种类、用途、特点和刃磨方法 2．切削难加工材料时的刀具材料和几何参数的确定方法
二、数控编程	（一）手工编程	能运用变量编程编制含有公式曲线的零件数控加工程序	1．固定循环和子程序的编程方法 2．变量编程的规则和方法
	（二）计算机辅助编程	能用计算机绘图软件绘制装配图	计算机绘图软件的使用方法

（续表）

职业功能	工作内容	技能要求	相关知识
二、数控编程	（三）数控加工仿真	能利用数控加工仿真软件实施加工过程仿真以及加工代码检查、干涉检查、工时估算	数控加工仿真软件的使用方法
三、零件加工	（一）轮廓加工	能进行细长、薄壁零件加工，并达到以下要求： （1）轴径公差等级：IT6 （2）孔径公差等级：IT7 （3）形位公差等级：IT8 （4）表面粗糙度：*R*a1.6μm	细长、薄壁零件加工的特点及装卡、车削方法
	（二）螺纹加工	1．能进行单线和多线等节距的 T 型螺纹、锥螺纹加工，并达到以下要求： （1）尺寸公差等级：IT6 （2）形位公差等级：IT8 （3）表面粗糙度：Ra1.6μm 2．能进行变节距螺纹的加工，并达到以下要求： （1）尺寸公差等级：IT6 （2）形位公差等级：IT7 （3）表面粗糙度：*R*a1.6μm	1．T 型螺纹、锥螺纹加工中的参数计算 2．变节距螺纹的车削加工方法
	（三）孔加工	能进行深孔加工，并达到以下要求： （1）尺寸公差等级：IT6 （2）形位公差等级：IT8 （3）表面粗糙度：*R*a1.6μm	深孔的加工方法
	（四）配合件加工	能按装配图上的技术要求对套件进行零件加工和组装，配合公差达到：IT7 级	套件的加工方法
	（五）零件精度检验	1．能够在加工过程中使用百（千）分表等进行在线测量，并进行加工技术参数的调整 2．能够进行多线螺纹的检验 3．能进行加工误差分析	1．百（千）分表的使用方法 2．多线螺纹的精度检验方法 3．误差分析的方法

（续表）

职业功能	工作内容	技能要求	相关知识
四、数控车床维护与精度检验	（一）数控车床日常维护	1．能判断数控车床的一般机械故障 2．能完成数控车床的定期维护保养	1．数控车床机械故障和排除方法 2．数控车床液压原理和常用液压元件
	（二）机床精度检验	1．能够进行机床几何精度检验 2．能够进行机床切削精度检验	1．机床几何精度检验内容及方法 2．机床切削精度检验内容及方法

3.3 技师（见附表 3）

附表 3 技师工作要求

职业功能	工作内容	技能要求	相关知识
一、加工准备	（一）读图与绘图	1．能绘制工装装配图 2．能读懂常用数控车床的机械结构图及装配图	1．工装装配图的画法 2．常用数控车床的机械原理图及装配图的画法
	（二）制定加工工艺	1．能编制高难度、高精密、特殊材料零件的数控加工多工种工艺文件 2．能对零件的数控加工工艺进行合理性分析，并提出改进建议 3．能推广应用新知识、新技术、新工艺、新材料	1．零件的多工种工艺分析方法 2．数控加工工艺方案合理性的分析方法及改进措施 3．特殊材料的加工方法 4．新知识、新技术、新工艺、新材料
	（三）零件定位与装夹	能设计与制作零件的专用夹具	专用夹具的设计与制造方法
	（四）刀具准备	1．能够依据切削条件和刀具条件估算刀具的使用寿命 2．根据刀具寿命计算并设置相关参数 3．能推广应用新刀具	1．切削刀具的选用原则 2．延长刀具寿命的方法 3．刀具新材料、新技术 4．刀具使用寿命的参数设定方法
二、数控编程	（一）手工编程	能够编制车削中心、车铣中心的三轴及三轴以上（含旋转轴）的加工程序	编制车削中心、车铣中心加工程序的方法
	（二）计算机辅助编程	1．能用计算机辅助设计/制造软件进行车削零件的造型和生成加工轨迹 2．能够根据不同的数控系统进行后置处理并生成加工代码	1．三维造型和编辑 2．计算机辅助设计/制造软件（三维）的使用方法
	（三）数控加工仿真	能够利用数控加工仿真软件分析和优化数控加工工艺	数控加工仿真软件的使用方法
三、零件加工	（一）轮廓加工	1．能编制数控加工程序车削多拐曲轴达到以下要求： （1）直径公差等级：IT6	1．多拐曲轴车削加工的基本知识 2．车削加工中心加工复杂零件的车削方法

（续表）

职业功能	工作内容	技能要求	相关知识
三、零件加工	（一）轮廓加工	（2）表面粗糙度：$Ra1.6\mu m$ 2．能编制数控加工程序对适合在车削中心加工的带有车削、铣削等工序的复杂零件进行加工	
	（二）配合件加工	能进行两件（含两件）以上具有多处尺寸链配合的零件加工与配合	多尺寸链配合的零件加工方法
	（三）零件精度检验	能根据测量结果对加工误差进行分析并提出改进措施	精密零件的精度检验方法 检具设计知识
四、数控车床维护与精度检验	（一）数控车床维护	1．能够分析和排除液压和机械故障 2．能借助字典阅读数控设备的主要外文信息	1．数控车床常见故障诊断及排除方法 2．数控车床专业外文知识
	（二）机床精度检验	能够进行机床定位精度、重复定位精度的检验	机床定位精度检验、重复定位精度检验的内容及方法
五、培训与管理	（一）操作指导	能指导本职业中级、高级进行实际操作	操作指导书的编制方法
	（二）理论培训	1．能对本职业中级、高级和技师进行理论培训 2．能系统地讲授各种切削刀具的特点和使用方法	1．培训教材的编写方法 2．切削刀具的特点和使用方法
	（三）质量管理	能在本职工作中认真贯彻各项质量标准	相关质量标准
	（四）生产管理	能协助部门领导进行生产计划、调度及人员的管理	生产管理基本知识
	（五）技术改造与创新	能够进行加工工艺、夹具、刀具的改进	数控加工工艺综合知识

3.4 高级技师（见附表 4）

附表 4　高级技师工作要求

职业功能	工作内容	技能要求	相关知识
一、工艺分析与设计	（一）读图与绘图	1．能绘制复杂工装装配图 2．能读懂常用数控车床的电气、液压原理图	1．复杂工装设计方法 2．常用数控车床电气、液压原理图的画法
	（二）制定加工工艺	1．能对高难度、高精密零件的数控加工工艺方案进行优化并实施 2．能编制多轴车削中心的数控加工工艺文件 3．能够对零件加工工艺提出改进建议	1．复杂、精密零件加工工艺的系统知识 2．车削中心、车铣中心加工工艺文件编制方法

（续表）

职业功能	工作内容	技能要求	相关知识
	（三）零件定位与装夹	能对现有的数控车床夹具进行误差分析并提出改进建议	误差分析方法
	（四）刀具准备	能根据零件要求设计刀具，并提出制造方法	刀具的设计与制造知识
二、零件加工	（一）异形零件加工	能解决高难度（如十字座类、连杆类、叉架类等异形零件）零件车削加工的技术问题、并制定工艺措施	高难度零件的加工方法
	（二）零件精度检验	能够制定高难度零件加工过程中的精度检验方案	在机械加工全过程中影响质量的因素及提高质量的措施
四、数控车床维护与精度检验	（一）数控车床维护	1．能借助字典看懂数控设备的主要外文技术资料 2．能够针对机床运行现状合理调整数控系统相关参数 3．能根据数控系统报警信息判断数控车床故障	1．数控车床专业外文知识 2．数控系统报警信息
	（二）机床精度检验	能够进行机床定位精度、重复定位精度的检验	机床定位精度和重复定位精度的检验方法
	（三）数控设备网络化	能够借助网络设备和软件系统实现数控设备的网络化管理	数控设备网络接口及相关技术
五、培训与管理	（一）操作指导	能指导本职业中级、高级和技师进行实际操作	操作理论教学指导书的编写方法
	（二）理论培训	能对本职业中级、高级和技师进行理论培训	教学计划与大纲的编制方法
	（三）质量管理	能应用全面质量管理知识，实现操作过程的质量分析与控制	质量分析与控制方法
	（四）技术改造与创新	能够组织实施技术改造和创新，并撰写相应的论文	科技论文撰写方法

4．比重表

4.1 理论知识（见附表 5）

附表 5 各级车工理论知识要求

项目		中级（%）	高级（%）	技师（%）	高级技师（%）
基本要求	职业道德	5	5	5	5
	基础知识	20	20	15	15
相关知识	加工准备	15	15	30	—
	数控编程	20	20	10	—
	数控车床操作	5	5	—	—
	零件加工	30	30	20	15

（续表）

项　目		中级（%）	高级（%）	技师（%）	高级技师（%）
相关知识	数控车床维护与精度检验	5	5	10	10
	培训与管理	—	—	10	15
	工艺分析与设计	—	—	—	40
合　计		100	100	100	100

4.2　技能操作（见附表 6）

附表 6　各级车工理论知识要求

项　目		中级（%）	高级（%）	技师（%）	高级技师（%）
技能要求	加工准备	10	10	20	—
	数控编程	20	20	30	—
	数控车床操作	5	5	—	—
	零件加工	60	60	40	45
	数控车床维护与精度检验	5	5	5	10
	培训与管理	—	—	5	10
	工艺分析与设计	—	—	—	35
合　计		100	100	100	100

附六：

数控铣工国家职业标准

1．职业概况

1.1　职业名称：数控铣工。

1.2　职业定义

从事编制数控加工程序并操作数控铣床进行零件铣削加工的人员。

1.3　职业等级

本职业共设四个等级，分别为：中级（国家职业资格四级）、高级（国家职业资格三级）、技师（国家职业资格二级）、高级技师（国家职业资格一级）。

1.4　职业环境

室内、常温。

1.5 职业能力特征

具有较强的计算能力和空间感，形体知觉及色觉正常，手指、手臂灵活，动作协调。

1.6 基本文化程度

高中毕业（或同等学力）。

1.7 培训要求

1.7.1 培训期限

全日制职业学校教育，根据其培养目标和教学计划确定。晋级培训期限：中级不少于400标准学时；高级不少于300标准学时；技师不少于300标准学时；高级技师不少于300标准学时。

1.7.2 培训教师

培训中、高级人员的教师应取得本职业技师及以上职业资格证书或相关专业中级及以上专业技术职称任职资格；培训技师的教师应取得本职业高级技师职业资格证书或相关专业高级专业技术职称任职资格；培训高级技师的教师应取得本职业高级技师职业资格证书2年以上或取得相关专业高级专业技术职称任职资格2年以上。

1.7.3 培训场地设备

满足教学要求的标准教室、计算机机房及配套的软件、数控铣床及必要的刀具、夹具、量具和辅助设备等。

1.8 鉴定要求

1.8.1 适用对象

从事或准备从事本职业的人员。

1.8.2 申报条件

（1）中级：（具备以下条件之一者）

① 经本职业中级正规培训达规定标准学时数，并取得结业证书。

② 连续从事本职业工作5年以上。

③ 取得经劳动保障行政部门审核认定的，以中级技能为培养目标的中等以上职业学校本职业（或相关专业）毕业证书。

④ 取得相关职业中级《职业资格证书》后，连续从事本职业2年以上。

（2）高级：（具备以下条件之一者）

① 取得本职业中级职业资格证书后，连续从事本职业工作2年以上，经本职业高级正规培训，达到规定标准学时数，并取得结业证书。

② 取得本职业中级职业资格证书后，连续从事本职业工作4年以上。

③ 取得劳动保障行政部门审核认定的，以高级技能为培养目标的职业学校本职业（或相关专业）毕业证书。

④ 大专以上本专业或相关专业毕业生，经本职业高级正规培训，达到规定标准学时数，并取得结业证书。

（3）技师：（具备以下条件之一者）

① 取得本职业高级职业资格证书后，连续从事本职业工作 4 年以上，经本职业技师正规培训达规定标准学时数，并取得结业证书。

② 取得本职业高级职业资格证书的职业学校本职业（专业）毕业生，连续从事本职业工作 2 年以上，经本职业技师正规培训达规定标准学时数，并取得结业证书。

③ 取得本职业高级职业资格证书的本科（含本科）以上本专业或相关专业的毕业生，连续从事本职业工作 2 年以上，经本职业技师正规培训达规定标准学时数，并取得结业证书。

（4）高级技师：

取得本职业技师职业资格证书后，连续从事本职业工作 4 年以上，经本职业高级技师正规培训达规定标准学时数，并取得结业证书。

1.8.3　鉴定方式

分为理论知识考试和技能操作考核。理论知识考试采用闭卷方式，技能操作（含软件应用）考核采用现场实际操作和计算机软件操作方式。理论知识考试和技能操作（含软件应用）考核均实行百分制，成绩皆达 60 分及以上者为合格。技师和高级技师还需进行综合评审。

1.8.4　考评人员与考生配比

理论知识考试考评人员与考生配比为 1：15，每个标准教室不少于 2 名相应级别的考评员；技能操作（含软件应用）考核考评员与考生配比为 1：2，且不少于 3 名相应级别的考评员；综合评审委员不少于 5 人。

1.8.5　鉴定时间

理论知识考试为 120 分钟，技能操作考核中实操时间为：中级、高级不少于 240 分钟，技师和高级技师不少于 300 分钟，技能操作考核中软件应用考试时间为不超过 120 分钟，技师和高级技师的综合评审时间不少于 45 分钟。

1.8.6　鉴定场所设备

理论知识考试在标准教室里进行，软件应用考试在计算机机房进行，技能操作考核在配备必要的数控铣床及必要的刀具、夹具、量具和辅助设备的场所进行。

2．基本要求

2.1　职业道德

2.1.1　职业道德基本知识

2.1.2　职业守则

（1）遵守国家法律、法规和有关规定；

（2）具有高度的责任心、爱岗敬业、团结合作；

（3）严格执行相关标准、工作程序与规范、工艺文件和安全操作规程；

（4）学习新知识新技能、勇于开拓和创新；

（5）爱护设备、系统及工具、夹具、量具；
（6）着装整洁，符合规定；保持工作环境清洁有序，文明生产。
2.2　基础知识
2.2.1　基础理论知识
（1）机械制图
（2）工程材料及金属热处理知识
（3）机电控制知识
（4）计算机基础知识
（5）专业英语基础
2.2.2　机械加工基础知识
（1）机械原理
（2）常用设备知识（分类、用途、基本结构及维护保养方法）
（3）常用金属切削刀具知识
（4）典型零件加工工艺
（5）设备润滑和冷却液的使用方法
（6）工具、夹具、量具的使用与维护知识
（7）铣工、镗工基本操作知识
2.2.3　安全文明生产与环境保护知识
（1）安全操作与劳动保护知识
（2）文明生产知识
（3）环境保护知识
2.2.4　质量管理知识
（1）企业的质量方针
（2）岗位质量要求
（3）岗位质量保证措施与责任
2.2.5　相关法律、法规知识
（1）劳动法的相关知识
（2）环境保护法的相关知识
（3）知识产权保护法的相关知识
3．工作要求
本标准对中级、高级、技师和高级技师的技能要求依次递进，高级别涵盖低级别的要求。
3.1　中级（见附表 7）

附表 7　中级铣工工作要求

职业功能	工作内容	技能要求	相关知识
一、加工准备	（一）读图与绘图	1．能读懂中等复杂程度（如：凸轮、壳体、板状、支架）的零件图 2．能绘制有沟槽、台阶、斜面、曲面的简单零件图 3．能读懂分度头尾架、弹簧夹头套筒、可转位铣刀结构等简单机构装配图	1．复杂零件的表达方法 2．简单零件图的画法 3．零件三视图、局部视图和剖视图的画法
	（二）制定加工工艺	1．能读懂复杂零件的铣削加工工艺文件 2．能编制由直线、圆弧等构成的二维轮廓零件的铣削加工工艺文件	1．数控加工工艺知识 2．数控加工工艺文件的制定方法
	（三）零件定位与装夹	1．能使用铣削加工常用夹具（如压板、虎钳、平口钳等）装夹零件 2．能够选择定位基准，并找正零件	1．常用夹具的使用方法 2．定位与夹紧的原理和方法 3．零件找正的方法
	（四）刀具准备	1．能够根据数控加工工艺文件选择、安装和调整数控铣床常用刀具 2．能根据数控铣床特性、零件材料、加工精度、工作效率等选择刀具和刀具几何参数，并确定数控加工需要的切削参数和切削用量 3．能够利用数控铣床的功能，借助通用量具或对刀仪测量刀具的半径及长度 4．能选择、安装和使用刀柄 5．能够刃磨常用刀具	1．金属切削与刀具磨损知识 2．数控铣床常用刀具的种类、结构、材料和特点 3．数控铣床、零件材料、加工精度和工作效率对刀具的要求 4．刀具长度补偿、半径补偿等刀具参数的设置知识 5．刀柄的分类和使用方法 6．刀具刃磨的方法
二、数控编程	(一)手工编程	1．能编制由直线、圆弧组成的二维轮廓数控加工程序 2．能够运用固定循环、子程序进行零件的加工程序编制	1．数控编程知识 2．直线插补和圆弧插补的原理 3．节点的计算方法
	（二）计算机辅助编程	1．能够使用 CAD/CAM 软件绘制简单零件图 2．能够利用 CAD/CAM 软件完成简单平面轮廓的铣削程序	1．CAD/CAM 软件的使用方法 2．平面轮廓的绘图与加工代码生成方法
三、数控铣床操作	（一）操作面板	1．能够按照操作规程启动及停止机床 2.能使用操作面板上的常用功能键（如回零、手动、MDI、修调等）	1．数控铣床操作说明书 2．数控铣床操作面板的使用方法

（续表）

职业功能	工作内容	技能要求	相关知识
三、数控铣床操作	（二）程序输入与编辑	1．能够通过各种途径（如 DNC、网络）输入加工程序 2．能够通过操作面板输入和编辑加工程序	1．数控加工程序的输入方法 2．数控加工程序的编辑方法
	（三）对刀	1．能进行对刀并确定相关坐标系 2．能设置刀具参数	1．对刀的方法 2．坐标系的知识 3．建立刀具参数表或文件的方法
	（四）程序调试与运行	能够进行程序检验、单步执行、空运行并完成零件试切	程序调试的方法
	（五）参数设置	能够通过操作面板输入有关参数	数控系统中相关参数的输入方法
四、零件加工	（一）平面加工	能够运用数控加工程序进行平面、垂直面、斜面、阶梯面等的铣削加工，并达到如下要求： （1）尺寸公差等级达 IT7 级 （2）形位公差等级达 IT8 级 （3）表面粗糙度达 *R*a3.2μm	1．平面铣削的基本知识 2．刀具端刃的切削特点
	（二）轮廓加工	能够运用数控加工程序进行由直线、圆弧组成的平面轮廓铣削加工，并达到如下要求： （1）尺寸公差等级达 IT8 （2）形位公差等级达 IT8 级 （3）表面粗糙度达 *R*a3.2μm	1．平面轮廓铣削的基本知识 2．刀具侧刃的切削特点
	（三）曲面加工	能够运用数控加工程序进行圆锥面、圆柱面等简单曲面的铣削加工，并达到如下要求： （1）尺寸公差等级达 IT8 （2）形位公差等级达 IT8 级 （3）表面粗糙度达 *R*a3.2μm	1．曲面铣削的基本知识 2．球头刀具的切削特点
	（四）孔类加工	能够运用数控加工程序进行孔加工，并达到如下要求： （1）尺寸公差等级达 IT7 （2）形位公差等级达 IT8 级 （3）表面粗糙度达 *R*a3.2μm	麻花钻、扩孔钻、丝锥、镗刀及铰刀的加工方法
	（五）槽类加工	能够运用数控加工程序进行槽、键槽的加工，并达到如下要求： （1）尺寸公差等级达 IT8 （2）形位公差等级达 IT8 级 （3）表面粗糙度达 *R*a3.2μm	槽、键槽的加工方法

（续表）

职业功能	工作内容	技能要求	相关知识
四、零件加工	（六）精度检验	能够使用常用量具进行零件的精度检验	1．常用量具的使用方法 零件精度检验及测量方法
五、维护与故障诊断	（一）机床日常维护	能够根据说明书完成数控铣床的定期及不定期维护保养，包括：机械、电、气、液压、数控系统检查和日常保养等	1．数控铣床说明书 2．数控铣床日常保养方法 3．数控铣床操作规程 4．数控系统（进口、国产数控系统）说明书
	（二）机床故障诊断	1．能读懂数控系统的报警信息 2．能发现数控铣床的一般故障	1．数控系统的报警信息 2．机床的故障诊断方法
	（三）机床精度检查	能进行机床水平的检查	1．水平仪的使用方法 2．机床垫铁的调整方法

3.2　高级（见附表 8）

附表 8　高级铣工工作要求

职业功能	工作内容	技能要求	相关知识
一、加工准备	（一）读图与绘图	1．能读懂装配图并拆画零件图 2．能够测绘零件 3．能够读懂数控铣床主轴系统、进给系统的机构装配图	1．根据装配图拆画零件图的方法 2．零件的测绘方法 3．数控铣床主轴与进给系统基本构造知识。
	（二）制定加工工艺	能编制二维、简单三维曲面零件的铣削加工工艺文件	复杂零件数控加工工艺的制定
	（三）零件定位与装夹	1．能选择和使用组合夹具和专用夹具 2．能选择和使用专用夹具装夹异型零件 3．能分析并计算夹具的定位误差 4．能够设计与自制装夹辅具（如轴套、定位件等）	1．数控铣床组合夹具和专用夹具的使用、调整方法 2．专用夹具的使用方法 3．夹具定位误差的分析与计算方法 4．装夹辅具的设计与制造方法
	（四）刀具准备	1．能够选用专用工具（刀具和其他） 2．能够根据难加工材料的特点，选择刀具的材料、结构和几何参数	1．专用刀具的种类、用途、特点和刃磨方法 2．切削难加工材料时的刀具材料和几何参数的确定方法
二、数控编程	（一）手工编程	1．能够编制较复杂的二维轮廓铣削程序 2．能够根据加工要求编制二次曲面的铣削程序 3．能够运用固定循环、子程序进行零件的加工程序编制 4．能够进行变量编程	1．较复杂二维节点的计算方法 2．二次曲面几何体外轮廓节点计算 3．固定循环和子程序的编程方法 4．变量编程的规则和方法

（续表）

职业功能	工作内容	技能要求	相关知识
二、数控编程	（二）计算机辅助编程	1．能够利用 CAD/CAM 软件进行中等复杂程度的实体造型（含曲面造型） 2．能够生成平面轮廓、平面区域、三维曲面、曲面轮廓、曲面区域、曲线的刀具轨迹 3．能进行刀具参数的设定 4．能进行加工参数的设置 5．能确定刀具的切入切出位置与轨迹 6．能够编辑刀具轨迹 7．能够根据不同的数控系统生成 G 代码	1．实体造型的方法 2．曲面造型的方法 3．刀具参数的设置方法 4．刀具轨迹生成的方法 5．各种材料切削用量的数据 6．有关刀具切入切出的方法对加工质量影响的知识 7．轨迹编辑的方法 8．后置处理程序的设置和使用方法
	（三）数控加工仿真	能利用数控加工仿真软件实施加工过程仿真、加工代码检查与干涉检查	数控加工仿真软件的使用方法
三、数控铣床操作	（一）程序调试与运行	能够在机床中断加工后正确恢复加工	程序的中断与恢复加工的方法
	（二）参数设置	能够依据零件特点设置相关参数进行加工	数控系统参数设置方法
四、零件加工	（一）平面铣削	能够编制数控加工程序铣削平面、垂直面、斜面、阶梯面等，并达到如下要求： （1）尺寸公差等级达 IT7 （2）形位公差等级达 IT8 级 （3）表面粗糙度达 *Ra*3.2μm	1．平面铣削精度控制方法 2．刀具端刃几何形状的选择方法
	（二）轮廓加工	能够编制数控加工程序铣削较复杂的（如凸轮等）平面轮廓，并达到如下要求： （1）尺寸公差等级达 IT8 （2）形位公差等级达 IT8 级 （3）表面粗糙度达 *Ra*3.2μm	1．平面轮廓铣削的精度控制方法 2．刀具侧刃几何形状的选择方法
	（三）曲面加工	能够编制数控加工程序铣削二次曲面，并达到如下要求： （1）尺寸公差等级达 IT8 （2）形位公差等级达 IT8 级 （3）表面粗糙度达 *Ra*3.2μm	1．二次曲面的计算方法 2．刀具影响曲面加工精度的因素以及控制方法
	（四）孔系加工	能够编制数控加工程序对孔系进行切削加工，并达到如下要求： （1）尺寸公差等级达 IT7 （2）形位公差等级达 IT8 级 （3）表面粗糙度达 *Ra*3.2μm	麻花钻、扩孔钻、丝锥、镗刀及铰刀的加工方法

（续表）

职业功能	工作内容	技能要求	相关知识
四、零件加工	（五）深槽加工	能够编制数控加工程序进行深槽、三维槽的加工，并达到如下要求： （1）尺寸公差等级达 IT8 （2）形位公差等级达 IT8 级 （3）表面粗糙度达 *R*a3.2μm	深槽、三维槽的加工方法
	（六）配合件加工	能够编制数控加工程序进行配合件加工，尺寸配合公差等级达 IT8	1．配合件的加工方法 2．尺寸链换算的方法
	（七）精度检验	1．能够利用数控系统的功能使用百（千）分表测量零件的精度 2．能对复杂、异形零件进行精度检验 3．能够根据测量结果分析产生误差的原因 4．能够通过修正刀具补偿值和修正程序来减少加工误差	1．复杂、异形零件的精度检验方法 2．产生加工误差的主要原因及其消除方法
五、维护与故障诊断	（一）日常维护	能完成数控铣床的定期维护	数控铣床定期维护手册
	（二）故障诊断	能排除数控铣床的常见机械故障	机床的常见机械故障诊断方法
	（三）机床精度检验	能协助检验机床的各种出厂精度	机床精度的基本知识

3.3 技师（见附表 9）

附表 9 技师工作要求

职业功能	工作内容	技能要求	相关知识
一、加工准备	（一）读图与绘图	1．能绘制工装装配图 2．能读懂常用数控铣床的机械原理图及装配图	1．工装装配图的画法 2．常用数控铣床的机械原理图及装配图的画法
	（二）制定加工工艺	1．能编制高难度、精密、薄壁零件的数控加工工艺规程 2．能对零件的多工种数控加工工艺进行合理性分析，并提出改进建议 3．能够确定高速加工的工艺文件	1．精密零件的工艺分析方法 2．数控加工多工种工艺方案合理性的分析方法及改进措施 3．高速加工的原理
	（三）零件定位与装夹	1．能设计与制作高精度箱体类，叶片、螺旋桨等复杂零件的专用夹具 2．能对现有的数控铣床夹具进行误差分析并提出改进建议	1．专用夹具的设计与制造方法 2．数控铣床夹具的误差分析及消减方法

（续表）

职业功能	工作内容	技能要求	相关知识
一、加工准备	（四）刀具准备	1．能够依据切削条件和刀具条件估算刀具的使用寿命，并设置相关参数 2．能根据难加工材料合理选择刀具材料和切削参数 3．能推广使用新知识、新技术、新工艺、新材料、新型刀具 4．能进行刀具刀柄的优化使用，提高生产效率，降低成本 5．能选择和使用适合高速切削的工具系统	1．切削刀具的选用原则 2．延长刀具寿命的方法 3．刀具新材料、新技术知识 4．刀具使用寿命的参数设定方法 5．难切削材料的加工方法 6．高速加工的工具系统知识
二、数控编程	（一）手工编程	能够根据零件与加工要求编制具有指导性的变量编程程序	变量编程的概念及其编制方法
	（二）计算机辅助编程	1．能够利用计算机高级语言编制特殊曲线轮廓的铣削程序 2．能够利用计算机 CAD/CAM 软件对复杂零件进行实体或曲线曲面造型 3．能够编制复杂零件的三轴联动铣削程序	1．计算机高级语言知识 2．CAD/CAM 软件的使用方法 3．三轴联动的加工方法
	（三）数控加工仿真	能够利用数控加工仿真软件分析和优化数控加工工艺	数控加工工艺的优化方法
三、数控铣床操作	（一）程序调试与运行	能够操作立式、卧式以及高速铣床	立式、卧式以及高速铣床的操作方法
	（二）参数设置	能够针对机床现状调整数控系统相关参数	数控系统参数的调整方法
四、零件加工	（一）特殊材料加工	能够进行特殊材料零件的铣削加工，并达到如下要求： （1）尺寸公差等级达 IT8 （2）形位公差等级达 IT8 级 （3）表面粗糙度达 *R*a3.2μm	特殊材料的材料学知识 特殊材料零件的铣削加工方法
四、零件加工	（二）薄壁加工	能够进行带有薄壁的零件加工，并达到如下要求： （1）尺寸公差等级达 IT8 （2）形位公差等级达 IT8 级 （3）表面粗糙度达 *R*a3.2μm	薄壁零件的铣削方法
	（三）曲面加工	1．能进行三轴联动曲面的加工，并达到如下要求： （1）尺寸公差等级达 IT8 （2）形位公差等级达 IT8 级 （3）表面粗糙度达 *R*a3.2μm 2． 能够使用四轴以上铣床与加工中心进行对叶片、螺旋桨等复杂零件进行多轴铣削加工，并达到如下要求： （1）尺寸公差等级达 IT8 （2）形位公差等级达 IT8 级 （3）表面粗糙度达 *R*a3.2μm	三轴联动曲面的加工方法 四轴以上铣床/加工中心的使用方法

（续表）

职业功能	工作内容	技能要求	相关知识
四、零件加工	（四）易变形件加工	能进行易变形零件的加工，并达到如下要求： （1）尺寸公差等级达 IT8 （2）形位公差等级达 IT8 级 （3）表面粗糙度达 *R*a3.2μm	易变形零件的加工方法
	（五）精度检验	能够进行大型、精密零件的精度检验	精密量具的使用方法 精密零件的精度检验方法
五、维护与故障诊断	（一）机床日常维护	能借助字典阅读数控设备的主要外文信息	数控铣床专业外文知识
	（二）机床故障诊断	能够分析和排除液压和机械故障	数控铣床常见故障诊断及排除方法
	（三）机床精度检验	能够进行机床定位精度、重复定位精度的检验	机床定位精度检验、重复定位精度检验的内容及方法
六、培训与管理	（一）操作指导	能指导本职业中级、高级进行实际操作	操作指导书的编制方法
	（二）理论培训	能对本职业中级、高级进行理论培训	培训教材的编写方法
	（三）质量管理	能在本职工作中认真贯彻各项质量标准	相关质量标准
	（四）生产管理	能协助部门领导进行生产计划、调度及人员的管理	生产管理基本知识
	（五）技术改造与创新	能够进行加工工艺、夹具、刀具的改进	数控加工工艺综合知识

3.4 高级技师（见附表 10）

附表 10　高级技工工作要求

职业功能	工作内容	技能要求	相关知识
一、工艺分析与设计	（一）读图与绘图	1．能绘制复杂工装装配图 2．能读懂常用数控铣床的电气、液压原理图 3．能够组织中级、高级、技师进行工装协同设计	1．复杂工装设计方法 2．常用数控铣床电气、液压原理图 3。画法 4．协同设计知识
	（二）制定加工工艺	1．能对高难度、高精密零件的数控加工工艺方案进行合理性分析，提出改进意见并参与实施 2．能够确定高速加工的工艺方案。 3．能够确定细微加工的工艺方案	1．复杂、精密零件机械加工工艺的系统知识 2．高速加工机床的知识 3．高速加工的工艺知识 4．细微加工的工艺知识

（续表）

职业功能	工作内容	技能要求	相关知识
一、工艺分析与设计	（三）工艺装备	1．能独立设计复杂夹具 2．能在四轴和五轴数控加工中对由夹具精度引起的零件加工误差进行分析，提出改进方案，并组织实施	1．复杂夹具的设计及使用知识 2．复杂夹具的误差分析及消减方法 3．多轴数控加工的方法
	（四）刀具准备	1．能根据零件要求设计专用刀具，并提出制造方法 2．能系统地讲授各种切削刀具的特点和使用方法	1．专用刀具的设计与制造知识 2．切削刀具的特点和使用方法
二、零件加工	（一）异形零件加工	能解决高难度、异形零件加工的技术问题，并制定工艺措施	高难度零件的加工方法
	（二）精度检验	能够设计专用检具，检验高难度、异形零件	检具设计知识
三、机床维护与精度检验	（一）数控铣床维护	1．能借助字典看懂数控设备的主要外文技术资料 2．能够针对机床运行现状合理调整数控系统相关参数	数控铣床专业外文知识
	（二）机床精度检验	能够进行机床定位精度、重复定位精度的检验	机床定位精度、重复定位精度的检验和补偿方法
	（三）数控设备网络化	能够借助网络设备和软件系统实现数控设备的网络化管理	数控设备网络接口及相关技术
四、培训与管理	（一）操作指导	能指导本职业中级、高级和技师进行实际操作	操作理论教学指导书的编写方法
	（二）理论培训	1．能对本职业中级、高级和技师进行理论培训 2．能系统地讲授各种切削刀具的特点和使用方法	1．教学计划与大纲的编制方法 2．切削刀具的特点和使用方法
	（三）质量管理	能应用全面质量管理知识，实现操作过程的质量分析与控制	质量分析与控制方法
	（四）技术改造与创新	能够组织实施技术改造和创新，并撰写相应的论文	科技论文的撰写方法

4．比重表

4.1　理论知识（见附表 11）

附表 11　各级铣工理论知识要求

项　　目		中级（%）	高级（%）	技师（%）	高级技师（%）
基本要求	职业道德	5	5	5	5
	基础知识	20	20	15	15

（续表）

项目		中级（%）	高级（%）	技师（%）	高级技师（%）
相关知识	加工准备	15	15	25	—
	数控编程	20	20	10	—
	数控铣床操作	5	5	5	—
	零件加工	30	30	20	15
	数控铣床维护与精度检验	5	5	10	10
	培训与管理	—	—	10	15
	工艺分析与设计	—	—	—	40
合计		100	100	100	100

4.2 技能操作（见附表12）

附表12 各级铣工技能操作要求

项目		中级（%）	高级（%）	技师（%）	高级技师（%）
技能要求	加工准备	10	10	10	—
	数控编程	30	30	30	—
	数控铣床操作	5	5	5	—
	零件加工	50	50	45	45
	数控铣床维护与精度检验	5	5	5	10
	培训与管理	—	—	5	10
	工艺分析与设计	—	—	—	35
合计		100	100	100	100

参 考 文 献

[1] 吴明友．数控铣床（FANUC）考工实训教程[M]．北京：化工工业出版社，2006.
[2] 来建良．数控加工实训[M]．浙江：浙江大学出版社，2004.
[3] 张伦．数控车床职业技能鉴定强化实训教程[M]．武汉：华中科技大学出版社，2005.
[4] 中国机械工业教育协会组编．数控技术[M]．北京：机械工业出版社，2001.
[5] 浙江省安全生产监督管理局编．职工安全生产知识读本[M]．北京：中国工人出版社，2006.
[6] 李蓓华．数控机床操作工[M]．北京：中国劳动社会保障出版社，2006.

